Staread
星文文化

U0525629

消失的
多巴胺

[英]塔尼斯·凯里 著
孙一文 译

FEELING
'BLAH'

四川人民出版社

图书在版编目（CIP）数据

消失的多巴胺 /（英）塔尼斯·凯里著；孙一文译. --
成都：四川人民出版社, 2024.10. -- ISBN 978-7-220
-13745-7
Ⅰ. B84-49
中国国家版本馆 CIP 数据核字第 20241QT479 号

FEELING 'BLAH'
© 2023 Tanith Carey 2023
Published by Welbeck Publishing Group Limited
Simplified Chinese rights arranged through CA-LINK International LLC

四川省版权局著作权合同登记号：21-24-100

XIAOSHI DE DUOBAAN
消失的多巴胺
[英]塔尼斯·凯里 著
孙一文 译

出 版 人	黄立新	责任校对	陈 纯
出 品 人	柯 伟	选题策划	刘思懿
监 制	郭 健	封面设计	水 沐
责任编辑	舒晓利	版式设计	修靖雯
特约编辑	刘思懿	营销编辑	王 双

出版发行	四川人民出版社（成都三色路 238 号）
网　　址	http://www.scpph.com
E-mail	scrmcbs@sina.com
新浪微博	@四川人民出版社
微信公众号	四川人民出版社
发行部业务电话	（028）86361653　86361656
防盗版举报电话	（028）86361653
照　　排	天津星文化传播有限公司
印　　刷	北京盛通印刷股份有限公司
成品尺寸	145mm×210mm
印　　张	8.25
字　　数	174 千
版　　次	2024 年 10 月第 1 版
印　　次	2024 年 10 月第 1 次印刷
书　　号	ISBN 978-7-220-13745-7
定　　价	49.80 元

■版权所有·侵权必究
本书若出现印装质量问题，请与我社发行部联系调换
电话：（028）86361656

引 言

你有多喜欢自己的生活？你对生活的享受程度及忍耐程度有多高？面对生活，你是活力满满，还是敷衍了事？

如果你是被封面上的"快感缺乏"一词吸引而阅读本书，那你也许并不抑郁（否则你就该读封面上印有"抑郁"二字的书了）。快感缺乏与抑郁不同，前者更可能表现为：当你参与社交活动时，其他人比你更能沉浸其中；当别人玩得很开心时，你会感到莫名的不自在；你觉得自己的生活理应更好……诸如此类的恼人想法在你的脑海中挥之不去。

你是否感觉自己的世界不再光彩夺目，渐渐褪变成暗淡的灰色？你是否感觉自己的视野仿佛隔着雾蒙蒙的磨砂玻璃，早已失去了清晰的焦点？

如果你体会到上述任何一种感觉，并且需要努力回忆最后一次心情舒畅或放声大笑（真正的开怀大笑，笑到肚子疼那种）是什么时候，我就知道是怎么回事了。

因为在弄清楚这些感觉以前，我和你一样。

我的"快感缺乏"体验

在很长一段时间里,我都不知道这些感觉有名字,或者更确切地说,我不知道怎么去描述。最能体现这些感觉的,我认为应该是"嗯""哦"等敷衍人的字眼。直到后来,我接到一个电话,这让我觉得肯定有更好的形式来描述这些感受。这是几年前我领会到的情形。正在阅读的你请做好准备,保持你的判断力,因为我要开始介绍这本书的由来了。

早前,为了一本一直想写的书,我花费数月进行研究并参加各种会议,不断打磨写作内容,直到经纪人打来电话告诉我一个好消息,一家大型出版商(迄今为止我遇到的最大型的出版商)说他们想出版这本书,并慷慨地给出五位数英镑的报价。在她向我宣布这个我期待已久的消息时,我的回应"恰如其分"。

"不错……好极了……真棒!"期望中的喜悦并未到来,我仿佛置身事外。

多么奇怪,我根本没有任何感觉!

通话结束后,我知道自己应当兴高采烈,但实际上却无动于衷。没道理啊!我又没得抑郁症。我是一名积极进取、做事认真的职业女性,有一位好丈夫和两个健康快乐的孩子,刚刚又完成了一个人生目标。但是,我并不为此感到快乐,反而感到轻微的恐慌。因为我的待办事项中将添加一项重大任务(写完那本书),同时,我还因自己没有心怀感激而感到内疚。当我出发去学校接女儿们时,我满脑子想的都是:"塔尼斯,你到底怎么回事?"

自那天之后,我开始留意这种奇怪的脱节感。我对聚会和社交活动毫无兴趣，因为参与其中的人看起来都很开心，我就觉得自己必须戴上"开心"的面具。我一直很喜欢圣诞节，但有时候，哪怕是为圣诞节欢呼喝彩，我也觉得自己像在逢场作戏。

在这期间，我为《泰晤士报》（*The Times*）撰写文章呼吁关注现代职场母亲承受的压力时，无意中描述了快感缺乏症的一些表现。"麻木""迟钝""模糊"等词贯穿全文，我却想不出有哪个名字能概括这些词。

我不够享受生活吗？这显然有违逻辑。毕竟，我一直按部就班地向着"成功"的人生前进。我所拥有的一切，加在一起等于两个字：幸福。但我觉得还是有什么东西在把我往后拽，让我无法沉浸在幸福之中。

我明白自己的生活看起来有多么美好，但我又像个观察者似的注视着自己的生活。在这种状态下，自然是感觉糟糕要多于感觉良好。事情进展顺利时，我几乎没有一丝满足感；若事情进展不顺，我就会极度沮丧。如果把我的心情画成曲线图，低落的情绪会是深深的沟壑，高昂的情绪则不过是微微隆起的小土堆。

往日抚慰人心的快乐，如今越发不可得。听到最喜欢的歌曲时，我不再兴奋难耐。我的 Instagram 看上去就像一条由众人艳羡的美妙经历拼接缝合而成的被子。事实上，我不再觉得出国旅行是一场奇妙之旅。即使来到颇具异国情调的新地方，我也无法尽情领略其中风情。我想起年轻时，旅行是多么地让我兴奋。现在，我只觉得旅行前的组织安排是一项壮举，旅行结束后徒增的工作更是令人生畏。但我有什么权利抱怨呢？

在我每天收到的新闻推送中，充斥着他人的悲剧以及饱受战争、饥荒或疾病折磨的人们的生活。而我作为一个人的需求——食物、安全、工作满足感和爱——全都得到了满足。我得到的甚至还不止这些。但当你拥有一切之后，去哪儿寻找那缺失的一角呢？

难道我不该知足吗？尽管告诉自己要振作起来，但这个问题依旧困扰着我。当然，我不可能是唯一有这种感觉的人吧？

为感觉命名

身为作家，我一直在写自己需要学习的东西；身为记者，我的工作就是保持好奇心并寻找答案。于是，我把困扰搁置一边。深夜里，我躺在床上，在回想了这一天自己到底出了什么问题后，开始寻求一个解释。丈夫在身边酣睡，我却偷偷在谷歌上搜索"为什么我无法享受自己的生活"，这真是太丢脸了。

在寻找答案的背后，还有一个更令人心惊的故事。在0.63秒内，我的手机里出现了67.7亿条搜索结果。跳出来的第一个标题是《对什么都提不起兴趣？这是一种症状》（*Don't Enjoy Any Anymore? There's Name For That*）。这篇文章是一位心理学家写的，他把这种症状称为"快感缺乏"。原来真有一个词能概括那些感觉。

我继续读下去，发现快感缺乏是享乐主义或快乐的反义词。它的定义是"失去从过去喜欢的事物中获得快乐的能力"。虽然它通常是重度抑郁症患者的一种症状，但并不是你抑郁了才能体会到这种感觉。你也许一直活得很好，在他人眼里十分体面，你拥有想要的一切，只是缺乏心力去享受乐趣。

在了解这一点后，我立刻想到一个问题：为何我以前从未听说过这个词？

我们时常听闻现代生活中十分致命的疾病——抑郁症，它与快乐分属心理健康光谱的两端。大多数人的心理状态处于中间的灰色地带，但我们对这个地带却一无所知，这是为什么呢？

这种感受给我带来的最大问题是，我觉得自己再也无法像以往那样和别人交流。我的朋友们在谈论他们面临的难处，我却无法同情他们，而是希望他们停止抱怨。说实话，我已经不在乎了。

——路易斯，46岁

进入主流视野的快感缺乏症

既然知道了名字，快感缺乏症自然被列入了我的写作清单。

让我越来越恼火的是，无论参加派对、音乐会还是其他外出活动，这种感觉都会如影随形，让我陷入机械呆板的情绪之中无法自拔。

接着，新冠疫情暴发了。如果有什么能让我们懂得珍惜生活，那一定是疫情之下的封控。在一年多的时间里，我们失去了社交、观看现场音乐演出、理发和度假等许多体验生活快乐的机会。数月以来，我们坐在沙发上，想象着疫情结束后的日子会是多么美妙。

直到开始重返期待中的生活，有些人才发现，他们无意弥补逝去的时光，他们感受到的是"错失的乐趣"（JOMO[①]），而非"错失的恐惧"（FOMO[②]）。当然，也有一些人觉得以往的生活很乏味，因而并不急于回到过去的状态。

2021年春天，在大西洋的另一边，组织心理学家亚当·格兰特（Adam Grant）在《纽约时报》（*The New York Time*）上撰文指出，虽不抑郁却无精打采的人越来越多。他用"消沉"（languishing）一词来形容这种状态。这个术语最早由美国心理学家科里·凯斯（Corey Keyes）于2002年提出，他将其定义为"介于抑郁与朝气蓬勃之间的状态，即幸福感缺失"。

格兰特这样形容后疫情时代的人们："你没有心理疾病，但你的心理也未处于健康状态。"他还认为："这种情况似乎比重度抑郁症更常见，从某种意义上来说，它引发心理疾病的风险更大。"

这是《纽约时报》当年极受关注的文章。显然，人们十分认可该文章的表述。

上述一切均表明，即使在疫情严重扰乱人们的生活前，许多人也没有像自己期望中的那样享受生活。

我也注意到了这一点。在封控结束后第一次见到朋友和家人时，我以为自己会泪流满面，但并没有，我只是觉得见到他们让我感觉"挺好的"。

[①] JOMO，英文 joy of missing out 的缩略语，指因不再害怕错过别人做的事情或说的话而体会到的愉悦。
[②] FOMO，英文 fear of missing out 的缩略语，指在忙于眼前事时，总是害怕会错过更有趣或更好的人和事。

因此，在2021年8月英国解封之际，我给某知名期刊的编辑发了一封电子邮件，提议写一篇关于快感缺乏症的文章。我告诉对方，这篇文章会引起许多被困在情绪灰色地带的人的共鸣。第二天，我就收到了回复邮件（这可谓闪电般的回复速度）："好的，期待你的文章。相信很多读者都能感同身受。"

我知道我的感觉就在那里，但我无法触碰它们。我仍然会哭，但我感受不到恐惧或其他极端情绪。我只想找回"我自己"。

——阿图尔，44岁

面对任何事物，我的感觉都一样。我可以仰望天空，发现天空很美，但这对我没有任何意义。我不确定自己喜欢什么，对人生也没有鲜明的意见，因为我对所有事物的感觉都一样。我会设想情绪，但无法感知情绪。

——乔尔，32岁

快感缺乏症简史

在研究过程中，我发现快感缺乏症存在一个谱系，有多种表现形式。"快感缺乏"一词源于希腊语，意为"没有乐趣"，1896年由法国哲学家兼心理学家西奥多勒-阿尔芒·里博（Théodule-Armand Ribot）在《情感心理学》（The Psychologist Sentimes）一书中首次提出。四年后，美国心理学家威廉·詹姆斯（William James）对这一主题产生了兴趣，他在1902年发表的学术论文中将其描述为"被动的无聊和沉闷、灰心、沮丧、兴致欠缺和缺乏热情……没有快乐的感觉……对一切人生价值都失去兴趣"。1922年，美国精神病学家亚伯拉罕·迈尔森（Abraham Myerson）在美国精神医学会年会上演讲时，通篇都在探讨这一问题。

但在最初的兴趣热潮退去后，人们不再谈论快感缺乏症，直到 20 世纪 50 年代末，它才在战后的富裕生活中重新出现，这也许并非巧合。在临床医学论文中，专家们用该词来描述帕金森病、精神分裂症和成瘾症（在这些疾病中，多巴胺系统受到了破坏）患者是如何对生活失去兴趣的。"快感缺乏"因导致上述疾病难以医治而臭名昭著，病人不再对自救怀抱希望。众人视快感缺乏症如一座无法通过药物等治疗手段"融化"的冰山，十分棘手，甚至有人认为这是一种性格缺陷。

但随后诞生了一项科学发明——核磁共振扫描仪，它能观察大脑内部，了解快乐形成的生理机制，以及一些人的快乐体验不如其他人多的生理原因。核磁共振扫描仪有助于将快感缺乏症细化，为人们带来更细致入微的研究视角。临床医生开始意识到，快感缺乏的表现形式和影响程度变化多端。相关研究人员也发现了快感缺乏症的诸多特点，有人提议用更为准确的表述名词，如"快感缺乏综合征"。

尽管在接下来的几十年里，相关论文和研究报告的数量越来越多，许多人也认识到需要对快感缺乏症本身进行研究，但更多的人还是对此知之甚少。

"无精打采"的生活状态有多普遍

那么，有多少人生活在"无精打采"之中呢？数据并不易得，部分原因在于快感缺乏症的表述方式是多种多样的。如上文所提，心理学家科里·凯斯第一个认识到，感觉不糟糕并不意味着感觉良好。他在21世纪初对"消沉"情绪进行的首次研究显示，大约有12.1%的美国成年人受到这种情绪的影响。

20年后，在同样的标准之下，益普索（IPSOS）发布的美国心理健康报告显示，有21%的人处于这样的心理状态。从年龄上看，千禧一代（26岁以上）消沉情绪的比例最高，达30%；其次是Z世代（25岁以下），占26%；X世代（42岁以上）占21%；最后是婴儿潮一代（57岁以上），占14%。

在调查员工幸福感时，这一比例甚至更高。2021年，对领导力培训公司Better Up进行的一项调研显示，55%的员工死气沉沉，相比之下，精神饱满的员工占35%，5%的员工"干劲十足"。这也与盖洛普（Gallup）以及德勤（Deloitte）的调研结果基本吻合。盖洛普的研究显示，62%到68%的美国员工不够投入工作；德勤的调查则发现46%的员工缺乏工作动力。

委托对Better Up公司进行调研的埃迪·梅迪纳（Eddie Medina）表示，情绪消沉的人"拼命想要保持专注并尝试寻找生活的意义。对不少人而言，他们很难对未来抱有乐观态度和希望……情绪消沉时，平日里的生活和工作压力就会不断累积，对人造成的打击逐渐增大——无论做什么，都会陷入挣扎。而且，重大的改变和人生转折会放大这种影响"。

2021年6月在英国进行的另一项调查中,当员工们被问及他们的目标和发展方向时,42%的人表示,疫情让他们感到"茫然无措"。

在工作中,人们会和我聊聊天,开开玩笑,我却觉得自己像个局外人。我发现自己难以与人相处,因为我太麻木了,很难产生同情心。我表现出很在乎的模样,因为我知道这是我应该做的。但事实上,我对一切无动于衷。

——乔,28岁

看不见的代价

如果情感冷漠不是一种精神疾病,人们还会重视它吗?当然需要重视。快感缺乏症可能不太引人注意,但这并不意味着它没有负面影响,因为它带来的不只是情绪低落。在当前医疗体系中,我们往往在健康出现明确问题时才进行干预。科里·凯斯称这种倾向为"把救护车停在悬崖底部"。

快感缺乏症通常体现为一种"无精打采"的状态,它的出现还可能是抑郁症的前兆,是大脑奖励系统(愉悦感产生之处)失效的危险信号。若放任不管,将令人备受煎熬,而最有效的应对方法是事先预防。

研究发现,未来十年最有可能患上严重抑郁症和焦虑症的,并非当时表现出明显症状的人,而是当时缺乏积极心理的人。

抑郁症发作时，SSRIs[①]类抗抑郁药通常是治疗首选。虽然它们通常能有效减轻痛苦，但也会减弱对快乐的感知。如果对快感缺乏症不管不顾，久而久之就可能陷入抑郁，因为快感缺乏是抑郁症持续时间最长、最难治疗的症状之一。

快感缺乏症还是身心倦怠的前兆，在此之外只要再多一个压力源，我们就会不堪重负。它会模糊我们对世界的感知。性体验感、嗅觉、味觉以及我们对音乐、社交、生活的热爱，也许都会因快感缺乏症而减弱。

另一种选择：快乐愉悦的人生

现在，让我们来看看心理健康光谱另一端的生活有多么不一样。

这样的生活妙不可言。研究发现，当你拥有乐观开朗的心态时，你会感觉自己不那么无助，生活目标也更清晰；你会愿意多与人接触，适应力变得更强。这种心态对身体的好处也十分明显，如有益于心脏健康，减少患慢性病的风险。

我们需要保持身心健康，才能尽情享受这悠悠岁月，不是吗？难道我们真的打算忍受无精打采的生活状态直到生命的尽头？

---

① SSRIs：全称为 Selective Serotonin Reuptake Inhibitors，选择性5-羟色胺再摄取抑制剂。

为什么以前没听说过快感缺乏症

快感缺乏症既然如此普遍,为何长期以来一直不为公众所知?这也许是因为"无精打采"的感觉几乎是不被注意到的,它不像快乐时我们会手舞足蹈,抑郁时我们会封闭自我。当它不动声色地渗透进我们的日常生活时,许多人会从自身找原因,认为这只是生活的新鲜感在渐渐消失,并说服自己应该对现状感到知足。

人们不会在意"无精打采"这种感觉,总是习惯忽略它。在我们身处的环境中,当被问及状态如何时,我们通常会说"不错",却忽略我们的真实感受——"无精打采"。如果没有很好的理由就给出"无精打采"这种悲观的答案,人们会觉得你不知足、满腹怨气。于是,我们就明白了:正确的回答是礼貌地掩盖生活并不那么美好的事实。再说,大多数时候,我们都太忙了,无暇顾及内心,也找不到一个合适的词来描述这种内心处于灰色地带的感受。

随着"无精打采"在人群中变得司空见惯,人们会认为这是在充满压力的社会中维持正常生活所需付出的代价。

第一世界问题

我们不谈论快感缺乏症的另一个原因是,它听起来像第一世界[①]问题。承认自己拥有体面的家庭和足够的钱却并不快乐,是一

---

① 指美国及欧洲的发达国家。

件令人感到可耻的事。当地球上其他地方尚面临诸多苦难时，无法享受生活是我们真正该忧心的吗？比起严重的心理健康问题，如自杀率和自残率的攀升，生活不如意之类的想法会显得那么无关紧要。

我们忽略了一点，第一世界社会的生活方式往往最先滋生这种"无精打采"的状态。

如果你有充足的金钱并接受了足够的教育，你能在一个安全且舒适的环境中坐下来阅读此书，那么你的物质需求很可能都得到了满足，而这要归功于你的生活地的社会发展。我们这一代人已经开始享受曾经只有皇室成员才能享有的富足生活。然而在过去半个世纪里，我们的生活条件越来越好，但我们的心理健康却没取得什么进步。

在当下，我们的基本物质需求很容易就能得到满足，但这要付出一定的代价。人们发现，便捷社会带来的持续的多巴胺冲击已经让大脑的奖励系统失效，以至于人们期望的"满心欢喜"消失不见。越来越多的人认为，现代生活正在令所有人对多巴胺上瘾，这会削弱人们对快乐的体验，从而让压力激素占据上风。

生理因素

快感缺乏症对男女老少都有影响，对女性的影响尤其严重。原因之一在于，女性生理周期中激素的变化会影响身体制造血清素的能力。血清素是人体中的一种神经递质，对情绪调节很重要。当更年期来临时，雌激素及其他激素水平的下降会带来连锁反应，影响多巴胺和催产素等能让人产生愉悦感的激素。

男性的情绪也会受到其主要性激素——睾酮水平下降的影响。虽然这是一个渐进的过程，但长此以往，人们会失去活力，无法享受生活。

现代饮食对于人们保持充满希望的、乐观的心态有所助益。我们开始理解饮食与情绪之间的重要关系。长久以来，我们倾向于认为情绪是由大脑产生的。现在我们知道，健康饮食对于产生和维持良好情绪的血清素有很大影响。西方饮食中含有大量糖、防腐剂、红肉、加工肉类以及精制碳水化合物，这些容易引发肠道炎症。问题就在于此，肠道正是能够制造大量血清素的地方。更重要的是，影响肠道的炎症会影响大脑，它会减少让人感觉良好的化学物质的产生，并阻止其在人体循环。如果你的饮食习惯无法生成足够多的、让你感觉愉悦的化学物质，并且引发的炎症还阻碍了这些化学物质在体内的循环，你就很难拥有积极乐观的生活态度。

让快感缺乏症走进公众视野

我们很少听说心理健康方面的新词。本书首次尝试把"快感缺乏症"带入公众视野，并将其添加到我们的情绪词汇中。我们把快感缺乏症视为独立问题进行研究，希望为广大读者照亮这一情绪的灰色地带，这也是当下许多研究人员的努力方向。

本书融合了众多杰出科学家进行的数百项研究，这些研究值得被更多人了解，让大家从中受益。最重要的是，在情绪灰色地带徘徊的人们第一次受到了关注。那么多人无法尽情享受生活，真是令人感到遗憾。人生苦短，不可虚度。再者，如果有数百万人无法充分发挥自己的潜力，这对地球又意味着什么呢？如果众人都只在原地踏步，人类该何去何从？

命名是使这种模糊的情绪被关注的第一步。用更细腻的方式来描述感受，可以避免陷入积重难返的境地。大量研究表明，能够区分情绪细微差别的人不仅不容易被情绪左右，还能更好地调节自身情绪。

如果不了解快感缺乏，就会有太多人一辈子过着"无精打采"的生活而不自知。

豁然开朗的一瞬间

就个人而言，我希望当你听到关于"快感缺乏症"的描述时，会像我一样觉得自己的心情被更好地理解了。在写作本书的过程中，我采访了许多人，在得知"快感缺乏症"这个名字时，他们都和我一样感觉豁然开朗。当我提到快感缺乏时，有些人显得很困惑（因为他们能尽情享受生活，祝他们好运）；有些人则眼睛一亮，告诉我他们迫切地想要了解更多。

我在社交媒体上发了几个帖子，询问人们对"无精打采"的感受，很快就收到了近100条回复。许多人坦言，自己的生活状态就是如此。更年期女性尤其热衷谈论这个话题，不少人分享了她们内心的恐惧，担心自己再也无法快乐起来；二三十岁的上班族劳累过度，努力平衡着压力巨大的主业和副业，他们觉得"无精打采"就是自己的生活方式；疲惫不堪的父母倾诉着自己太累了，无法享受与孩子相处的时光；中年男性则透露，自己已经成为"脾气暴躁的讨厌鬼"，而他们曾发誓永远不要变成这样。

人们用来描述自身感受的话简直五花八门，如"困住了""不由自主""能量不足""内心冰冷"，以及我个人最受触动的"虽不致筋疲力尽，但绝对备受煎熬"。

> 出门一趟回来后，我的想法是：这简直在浪费时间和金钱！
>
> ——乔治，37 岁

本书主要内容

在接下来的章节中，我会以通俗易懂的方式介绍快感缺乏症的相关研究，并基于事实依据讲解应对快感缺乏症的策略。你也许还没意识到精神状态与身体间的联系，而通过追根溯源，结合今日现状，我将把它们点对点地连接起来。你会看到当今世界是如何压榨我们大脑的基本奖励回路，致使其超负荷运转以至于"宕机"的。我将研究"事务繁重""随时待命"的文化是如何让皮质醇等压力激素淹没快乐、爱和平静的感觉。为此，我采访了一些世界一流的神经科学家，以帮助你了解快乐是如何在大脑中形成的，以及你不再感到快乐的原因。

我也发现，自助类书籍已成为"有毒的励志"和"心灵鸡汤"的代名词。一旦人们对积极心理学运动的新鲜感消退，厌倦感就会油然而生。但本书不是教你盲目乐观地欢呼，因为你已经知道自己应该尽情体验生活，去欢笑、去热爱、去完成远大的目标、去自由地享受新鲜事物……

你将了解精神病学、心理学、内分泌学和营养学方面的最新研究，并听到那些经历过各式各样快感缺乏症的人的心声。尽管我们享受生活的能力受到了现代生活的冲击，但好消息是，脑科学研究已迈入新颖独特、对人类大有裨益的阶段。我们比以往任何时候都更有理由感到乐观。

你无须成为神经科学家就可以理解大脑影响情绪的基本原理。如果你的心态还不错，且快感缺乏对你而言更像是一个不为人知的、让你有些许自卑的秘密，那你也许不需要接受治疗。更好地了解大脑如何创造快乐、是什么在阻碍大脑创造快乐，以及重新享受快乐的方法，对你来说是很有帮助的。

本书的目的不是让你奇迹般地从"无精打采"变得"幸福美满"，而是帮助你更多地体会情绪，使你更好地体会生活，重新过上内心充实的日子。最后，不要问"我感觉不到快乐，我是不是有什么问题？"这种怀疑自己的问题，而要问一些寻求解决办法的问题，如"是什么让我无法享受生活？""我要做些什么来改变这种情况？"

全书框架

全书分为三部分：

第一部分探讨什么是快感缺乏，其成因、与之相关的社会因素是什么。在无生存之忧后，人类追寻快乐的脚步越发艰难，我会详细阐述快感缺乏是如何在生理上影响人们感知愉悦的能力。

在第二部分中，我会划分出不同类型的快感缺乏，看看它是如何使感觉迟钝的。通过了解"无精打采"的生理原因，当有人对你说"振作起来"或暗示你"只是抑郁"时，你会知道事实并非如此，并开始摆脱由此带给你的羞耻感和沮丧感。通过了解如何激活大脑的奖励回路，我希望你能形象地描述你头脑中所发生的一切。在此基础上，希望你能明白改善大脑体验的重要性，并意识到你能比你预想中更好地控制情绪。

在最后一部分，我会详细讲解应对"无精打采"的具体方法，让你在喜爱的事物中重获欢愉。每个人患快感缺乏症的情况各不相同，没有放诸四海而皆准的解决方案，但你可以做许多实际的小事。这些事情看起来虽小，对你的正面影响却大。我不会重复你以前听过的关于饮食、锻炼和正念等方法，而会用最新事实来阐明为什么这本书中的方法比任何抗抑郁药物都更有效。有了这些知识，你就能做出适合自己的明智决定。

开启快乐之旅

面对诸多挑战，你可能会问自己，此刻是否适合享受生活。如果非要我说的话，我想说："现在正是时候。"太多的人觉得自己快被生活压垮了，于是不自觉地停下了追寻快乐的脚步。但是，未来生活需要我们以朝气蓬勃、神采飞扬的状态去面对，而不仅仅是平淡度日。

在人生的大部分时间里，你感受到的不该只有"还行"。不抑郁不代表你就该谢天谢地并自认这就是"感觉还不错"。随着物质生活越来越好，我们却似乎变得不那么快乐了。除非我们学会利用好人生中的每分每秒，否则患抑郁症的人将会越来越多。

如果能重塑对生活的感受，不再"无精打采"，将会改变人与人之间的关系。要明白，情绪是会传染的，我们的家庭也会随着关系的改善而更加幸福美满。小孩子和青年人对情绪很敏感，他们往往会把情绪低落解读为一种拒绝、一种对他们不满意而导致的结果。如果伴侣发现我们不喜欢当下的生活，他们不仅会觉得自己让另一半失望了，还会感觉受到另一半无声的责备，因此双方的关系可能逐渐疏远。

CONTENS 目录

第 / 一 / 部 / 分
你今天快感缺乏了吗

| 第一章
　什么是快感缺乏 | ———————— 002

| 第二章
　为什么我们很难感受到快乐 | ———————— 011

| 第三章
　为什么现代社会让快乐越发遥不可及 | ———————— 031

| 第四章
　童年经历影响你对快乐的看法 | ———————— 044

| 小　结 | ———————— 061

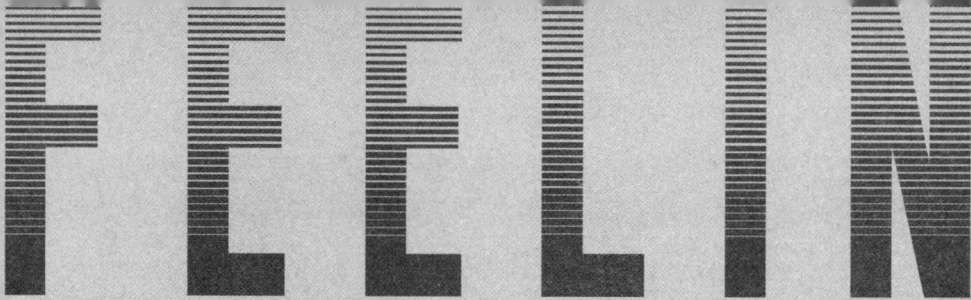

第 / 二 / 部 / 分
快感缺乏症的影响

| 第 一 章
  让你感觉"无精打采"的生理原因 | ——————— 064

| 第 二 章
  大脑里的多巴胺：与期待有关的因子 | ——————— 097

| 第 三 章
  快感缺乏症正在阻击你的愉悦感 | ——————— 113

| 小　结 | ——————————————— 129

第 / 三 / 部 / 分
重拾活力：如何摆脱快感缺乏

| 第 一 章
  与大脑保持同一战线 | ——————————— 132

| 第二章
| 快乐由你自己创造 | ———————————— 140

| 第三章
| 找回快感的方法 | ———————————— 149

| 第四章
| 利用与快乐有关的化学物质 | ———————— 175

| 第五章
| 创造属于你的生活方式 | ———————————— 193

| 小 结 | ———————————————————— 227

总 结 ———————————————————— 228

致 谢 ———————————————————— 233

后 记 ———————————————————— 237

WHAT IS ANHEDONIA AND WHY DOES IT HAPPEN >>>> ?

第一部分

>>>>>>> 你今天快感缺乏了吗

◀◀◀ 第/一/章

什么是快感缺乏

得知快感缺乏这个词后,我开始研究它在人们生活中的各种表现形式。我发现,快感缺乏的表现形式十分丰富且特点各异。关于快感缺乏出现时的情形,我脑海里浮现出一个生动逼真且可能是最契合的描述,这个描述来自我和心理治疗师洛哈尼·努尔(Lohani Noor)的一次早期谈话。

"还记得电影《绿野仙踪》(*The Wonder Wizard of OZ*)中,桃乐茜的世界瞬间从黑白色变成五彩缤纷吗?"洛哈尼问我,"你反过来想象一下。"

"这和电影中的情形一样,"她解释说,"只不过色彩变化相反。患者一进入治疗室,我就能看出他是否有快感缺乏症,即使快感缺乏症很容易与抑郁症混淆。

"但快感缺乏症的特点与抑郁症相比有细微差别。虽然快感缺乏很可能引发抑郁症,但并非抑郁症本身……快感缺乏症患者会觉得自己像被困在汪洋大海中的一只小船上,离明媚的快乐与欢笑逐渐远去。"

我还与加拿大心理学家拉米·纳德(Rami Nader)博士进行

了相关探讨。拉米·纳德博士是最早在其 YouTube 频道上将快感缺乏症视为独立症状进行讨论的人之一。对于综合快感缺乏症带来的感受，他着重强调了失落感。他指出，当你对过去喜爱的活动逐渐丧失热情时，失落感是你最有可能率先感受到的。

"比如，你以前很喜欢徒步旅行，现在却只觉无聊乏味。或者你无法享受曾经热爱的画画的乐趣且失去创作力，只是机械地在画布上重复挥笔的动作。又或者你曾经热衷于和朋友出去吃饭，如今不仅食之无味，餐厅里的音乐对你而言也变得刺耳。你会想：'这有什么意思？'你会发现自己不仅没有动力再去做这些事情，做的过程也失去了原有的乐趣，你对此变得兴致缺缺，于是从某天开始不再参与。"

为此，纳德博士还将快感缺乏比作"流沙"。"对于曾经热爱的活动，你越是觉得索然无味，情况就越糟。"

当身心被压力激素压得喘不过气时，你会感觉心灵的大门正在关闭。心理治疗师菲利普·霍德森（Philip Hodson）认为，快感缺乏也许是人们面对现代生活压力及诸多烦心事的一种防御，"情感冷漠则是我们要付出的代价"。

快感缺乏还可能是一个声音，它告诉你不要理会那些微小的欢乐，或者对你说："在那之后我的感觉并没有好一点，所以那么做有什么意义？"如果不再心怀期待，我们就会陷入无望的旋涡，觉得自己再也快乐不起来。

感觉糟糕多于感觉良好

无论快感缺乏症以何种形式出现,都不意味着你得了抑郁症。如果你仅仅是快感缺乏,你也许会感到不开心,但不一定会感到痛苦,此时的你可能只是对一些小事失去兴致。你很有可能早上不想起床,但还是会起来。快感缺乏症会让你感觉大脑中的奖励系统被打破,厌倦、冷漠和疲惫令你无力享受生活中的美好。

我们发现,快感缺乏分为三个阶段:

第一阶段,你不再对一些活动抱有期待;

第二阶段,进行这些活动时,你不再感觉愉悦;

第三阶段,活动完成后,你往往对这些活动产生负面情绪,不想再进行这些活动。

没有人能一直享受生活,但如果你的状态持续恶化,发现自己再也想不到任何可以让自己感觉良好的事情,那么这时候就需要采取积极的行动了。值得注意的是,如果此时的你没有抑郁症的临床表现,如负罪感和羞耻感,就不必先处理负面情绪。这是抑郁症的两个特征,往往要通过治疗来解决。

为了应对快感缺乏症,你需要集中精力让大脑奖励系统重新启动。行为激活疗法(Behavioural Activation Therapy)是实现这一目标的关键。该方法十分关注积极体验,并会在大脑中把积极体验定义为乐趣。

随着年龄增长,当你外出时,你心里会想:"嗯,出去走走不错。但家里是不是还有一堆衣服要洗?"生活逐渐成为一道阻碍，你不再如曾经一般活在当下。年轻时的无忧无虑，如今渐渐消失了。

——尼娜，42 岁

感觉自己有抑郁症

我们已讨论过快感缺乏症和抑郁症的一些区别，假设你真的有抑郁症，你该怎么面对？如果你每天都有以下五种或更多症状表现，且持续两周，那么你很可能有抑郁障碍，即临床抑郁症。你可以留意一下自己是否有以下这些症状：

自卑或有强烈的负罪感；

体重明显增加或减少，或食欲不振；

对过去喜欢的所有或几乎所有活动都丧失兴趣；

失眠或嗜睡；

心境低落，如空虚、悲观或时常烦躁不安；

疲惫或丧失活力。

如果有，也不要急于下结论，而是尽快就医，得到专业的诊断。

你"无精打采"的程度有多深

如果你不符合上述抑郁症的诊断标准，那么是时候确定你"无精打采"的具体表现了，这样才能好好应对。来看看下列情形有多少能引起你的共鸣：

当被问及近况时，很难准确描述；

很难想起最近一次开心是什么时候；

时常觉得自己必须假装开心；

大多数早晨都不想从被窝里出来；

一旦感受到快乐，就担心会有坏事发生；

对曾经最喜爱的食物和音乐失去了兴趣；

认为性生活似乎没什么意义；

当想要找点乐子时，脑海中就会冒出"我太老了，不适合这么做"；

当人们对某事赞不绝口时，发现自己不仅很难加入其中，也很难理解他们到底在欣赏什么；

会在情绪激动时克制自己，或远离让自己情绪激动的事物；

周围的人太活跃太开心会让自己很恼火；

记不起上一次参加感兴趣的休闲活动是什么时候了；

当有人告诉自己他正在经历一段艰难时期时，很难感同身受；

总是在计划逃离现有的生活，总是在思考自己真正想要的生活。

圈出你符合的情形，以便你有的放矢地阅读本书。

我曾患过抑郁症，但快感缺乏症与抑郁症不同。我患抑郁症时什么都不想做。而在快感缺乏症的状态下，我还能外出走走，但无法真的振作精神。

——纳特，41岁

监测快感缺乏症

和其他心理状态一样，快感缺乏也存在于心理健康光谱上。它就像一个亮度调节开关，能够让你感受快乐的能力变弱。如果及时发现并处理，光线会在不知不觉间变亮。如果一段时间内都沉浸在快感缺乏状态，那恐怕需要花些功夫才能注意到自己的情绪调色板是如何变化的。

我们习惯通过测量心率和体重来监测身体健康状况。虽然心理健康问题是全球面临的最大的健康挑战之一，但我们往往不会以相同的方式来监测心理状态。监测快感缺乏症需要你每日记录情绪变化，以帮助你更好地关注情绪起伏。通过每日自查，你将会给大脑一个更好的运作环境。另一个好处是，如果你告诉别人自己正在想办法应对快感缺乏症，那么记录情绪变化有利于你更好地把你的感受传达给别人。

如果你有写日记的习惯，回头翻看自己以前写的日记，你会发现自己可能不擅长准确描述心理状态的变化，除非专门把它们记录下来。只需要每天花几分钟时间，你就可以开始描绘自己的情绪走向图。最好的记录时间也许是一天结束之际，你可以在一个较为安静的环境中进行回顾和记录。当记录成为习惯，你就会开始钻研并剖析某些情绪产生的原因。在每日记录的情绪旁附上一个简短的说明，这会帮助你了解情绪产生的来龙去脉。

不同的人适合不同的方法，最直接的方法是使用情绪记录软件。除此之外，还有以下几种简单且免费的方法：

使用手机上的笔记文档，每天选一个表情符号来表达你的情绪，或干脆从 1 到 10 中挑一个数字写下来。

画一幅折线图，横轴标出日期，纵轴标出 1 到 10。每天标一个符合你情绪数值的点，把这些点连起来，就可以看出你的情绪是如何变化的。

找一张方格纸，每天在一个方格中涂上能代表你情绪的颜色。灰色、深蓝色和黑色等可以代表"无精打采"，粉色、黄色和橙色等可以代表心情愉悦。

绘制情绪曼陀罗图案也是一个不错的选择，你可以每天顺时针给圆圈的一部分涂上颜色，以此描述你的感受。

选择什么方法并不重要，只要你能持之以恒。从 1 到 10 中选一个数字记在日记本上是很简单，但不要因为简单就觉得不靠谱。这种想法也许就是情绪控制你和你控制情绪之间的差别。

建立基准

请根据内容，圈出下面的数字，1 代表完全不同意，5 代表完全同意。你可以每隔两周测评一次。

听到喜欢的音乐，我觉得很放松。1 2 3 4 5

我能尽情享受社交活动。1 2 3 4 5

我享受用餐的乐趣。1 2 3 4 5

大多数早晨醒来时，我已准备好迎接新的一天。1 2 3 4 5

我在为未来制订计划。1 2 3 4 5

上周，我被一件趣事逗笑了。1 2 3 4 5

你的得分在 6 到 15 分之间：是时候找出你情绪低落、生活乏味的原因了。

你的得分在 15 到 20 分之间：你的情绪比较平稳，但在生活中的某些时刻情绪容易波动。

你的得分在 20 到 30 分之间：你似乎总是神采奕奕的，能尽情享受生活。

追踪进展

在阅读本书期间，如何发现你的快感缺乏症有缓解的迹象呢？首先，不要疯狂地追逐快乐，而是要让它慢慢地向你靠近。不是有人曾经连公交车都追赶不上，现在却能跑马拉松了吗？日复一日，通过用新的方式锻炼身体，会变得更加健康。把学会重新享受生活当成一种训练吧，只不过这次训练的是你的大脑。持之以恒地训练下去，慢慢地，享受生活会变得越来越容易且不再费力，并最终成为你的习惯。

其次，关注当下取得的点滴成功，并在一天结束时记录下来。训练自己去注意它们，即便生活给你设置障碍，你也知道自己正朝着正确的方向前进。

以下是你开始摆脱快感缺乏症的一些迹象：

当你看到喜欢的东西时，你会注视得更久；

你发现自己笑了；

你开始计划事情，并且心怀憧憬；

当你执着于某件事时，你是真的乐在其中，而不是因为想要拍照分享或在社交媒体上建立自己的"人设"；

听到自己喜欢的音乐就想跟着唱歌或跳舞；

当你自得其乐或觉得应该做些别的事情时，你不会注意到时间的流逝；

你重拾曾经搁置的爱好；

你哭泣的次数增多，因为你希望释放自己的情绪。

换言之，随着快感缺乏症的缓解，你将不再觉得自己是生活的旁观者，而是一名参与者。你不再勉强自己紧张且不自在地干笑，而是由衷地开怀大笑，笑得更轻松。同时，本书鼓励你重温那些美好的时刻，让那些美好的感觉保持得更长久。

接下来也许有很多事情要做，请打起精神。如今，你已知道"快感缺乏症"这个词，这意味着你已经向前迈出了重要的一步。

你也许迫不及待地想知道如何从"无精打采"中解脱出来，这些内容会放在本书的最后一部分，即第三部分。事实上，在你跟随本书了解快感缺乏症时，你已经做出改变，并找到了摆脱"无精打采"的方法。

◀◀◀ 第 / 二 / 章

为什么我们很难感受到快乐

让我带你回顾一下我们的族谱，这会是终极版的《寻根问祖》①。我们将回到很久很久以前，距今大约5000代②，那是早期的智人时代。虽然人类在冰河时代初期还比较渺小，但那正是探索的好时机。大约10万年前，他们正向着成为地球上最具统治力的物种的目标迈进。

我们与祖先具有家族相似性。我们的祖先看起来已不太像类人猿的样子，而更像我们现在的样子。但在更久远以前，人类祖先有着较小且不太尖的牙齿，眉骨更扁平，体毛也更少。想象一下，一群人类祖先在所居之地醒来，他们的住所是用木枝搭成的，上面覆盖着兽皮。虽然这可能是很久以前的事了，但可以肯定的是，在睁开眼睛的那一刻，他们中的大多数首先想到的是："我们上哪里找吃的？"

在了解我们的祖先那天早上是如何吃到第一口食物前，让我

---

① 《寻根问祖》：原名 Who Do You Think You Are，是英国广播公司制作的英国族谱纪录片。
② 代：通常认为一代大约为30年。

们把时间线再往前推进一下。尽管尚未赢得角逐，但我们的祖先智人已经走在正确的道路上，将包括尼安德特人和丹尼索瓦人在内的所有其他早期人类物种都甩在了身后。

智人充分发挥了 500 万年前就拥有的双腿行走的能力。这使他们能自由地使用工具来改造环境，无论是建造住所、制作衣服还是寻找食物。随着新运动技能的开发，他们的大脑也在相应地进化，特别是大脑皮层变得越来越大，且越发复杂。不过他们时不时会碰上的表亲——尼安德特人的大脑总体来说比他们的要更大。

但我们的祖先在这场竞争中胜出的原因，并不在于大脑更大或更复杂，而在于大脑中某种化学物质的含量更高，这会驱使他们去探索和适应充满挑战的环境。这种物质如今在我们的思维活跃度和享受生活的沉浸度方面仍发挥着关键作用。

欲望因子

所有动物的大脑中都存在快乐中枢，当这一区域"亮起"时，就会刺激它们想办法满足生存和延续物种的基本需求——食物和性。长期以来，多巴胺一直被视为"快乐因子"，但最近人们发现，它更多地与积极进取的心态有关。研究显示，智人在生存竞争中获胜的关键原因，也许就在于他们的大脑能分泌更多的多巴胺，而这正是他们进化的助推剂。

纹状体是中脑边缘奖励通路的关键部分，其中只有 2.5% 的神经元能产生多巴胺。这听起来并不多，但历经数千年的进化，人类大脑分泌的多巴胺已经是其他类人猿的三倍，尽管二者的 DNA

有 99% 是相同的。

关于早期人类，我们掌握的信息并不多。怎样才能知道他们大脑中的多巴胺含量是多少呢？人类学家可以通过比较人类与其他灵长类动物的神经递质水平进行逆向推断。额外分泌的多巴胺意味着，我们的祖先不会满足于早餐只吃在住所附近发现的不太美味的叶子和块茎，哪怕这也是他们饮食的一部分。多巴胺这种能激发渴望的化学物质，会驱使他们组织部落觅食队、狩猎队去寻找更美味、更有营养的食物。这种"欲望因子"也许就是我们祖先离开智人的起源地去征服世界其他地区的动力。

多巴胺平衡

那天早晨，当我们的祖先外出觅食时，随着他们越发饥渴并逐渐接近食物，他们的多巴胺水平也会随之上升。多巴胺是一种神奇的物质，它赋予我们的祖先动力和能量，帮助他们不断寻找更有营养的食物。

他们不会只满足于在附近区域就能采集到的水果、种子和坚果，还会派一些部落成员去寻找蜂巢，采集蜂蜜。有些部落成员还会爬到附近的树枝上掏鸟蛋，或者沿着其他捕食者的足迹寻找附近的猎物，以便获得肉和骨头。多巴胺很强大，但多巴胺作用持续时间很短暂。一旦我们的祖先在那天早上吃饱喝足、愉悦感得到释放后，多巴胺的奖励作用很快就会消失。在他们吃下第一口食物后，多巴胺分泌水平就会迅速下降，甚至低于基线。毕竟，多巴胺分泌水平不下降的话，他们哪来的新动力去寻找午餐呢？

多巴胺过量

让我们快进约 1000 个世纪。如果你有钱有闲能坐下来阅读本书，那么你很可能已经有了一处栖身之所，厨房里有足够的食物供你下一顿食用。即使冰箱里只剩下一罐过期的意大利面酱和一根干瘪的胡萝卜，你家附近也会有一家超市供你补充食材。如果不喜欢做饭，你也可以点任何你想吃的外卖，食物一般在一小时内就能被送达你家。

我们的祖先一生中约 80% 的时间都在觅食，而现在的我们无须离开沙发，只需呼叫数字助理就能下单。（你可以反驳说你必须挣钱才能购买食物。但即便你什么都不做，我们大多数人的基本生活需求都能得到满足，至少能保证不会一直挨饿，但我们的祖先连生存都得不到保障。要知道在冰河时期的某些时候，他们的数量减少到了惊人的地步。）

除了多年来由于基因选择而产生的一些细微变化外，我们的大脑基本上和我们的远古家庭成员一样，都由相同的奖励系统驱动。然而，现代人类的生活环境发生了翻天覆地的变化。现代经济完全建立在产品和服务的基础上，这些产品和服务可以在我们需要的时候提供给我们想要的东西，而我们几乎不需要付出多少努力。因此，如今大脑的奖励回路似乎已经"快感泛滥"了。

除了对食物和性的本能需求，我们的多巴胺通路也在被越来越多的时代新事物激活，如社交媒体的点赞、电视剧、电影、电子游戏、高糖高脂高盐食品、酒精和网购，但建立在多巴胺基础上的经济也有其弊端。

像我们的祖先那样每天付出大量努力才获得少量多巴胺，与每天付出很少努力却获得成千上万的多巴胺，这两种情况间存在很大差异。大脑会控制多巴胺的分泌量，以激励我们产生满足自身基本需求的动力。自从便捷性成为主流需求，每一种产品和服务的设计目的都是让大脑分泌大量的多巴胺。当一切都唾手可得时，大脑中这个十分原始的快感系统会超载也就不足为奇了。

如果不断刺激多巴胺分泌，大脑中的多巴胺水平就永远没有机会像我们的祖先那样有规律地保持稳定。久而久之，大脑的奖励系统会变得不再敏感，越发迟钝。神经元渐渐失去多巴胺受体，多巴胺循环减弱。最终的结果就是我们很难获得快感，也越来越不容易感受到兴奋或真正的愉悦。但外界的刺激仍在继续：宽带速度越来越快，流媒体音乐播放便捷度提升，娱乐方式多种多样……

快感过多会打破多巴胺系统的平衡，令我们陷入多巴胺缺乏的状态，我们的愉悦基线会不断降低。即使所有事物都在营造愉悦感，我们也难以从中感受到愉悦。

物极必反

我们不只满足于感觉良好，而且会继续寻找能让自己轻松"上瘾"的东西。斯坦福大学成瘾医学双重诊断诊所主任、精神病学家安娜·伦布克（Anna Lembke）博士长期研究现代社会对大脑奖励系统的影响。她解释道："想象一下，大脑中有一架天平，中心有一个支点。没放东西时，天平处于平衡状态。当我们感受到快乐时，多巴胺在大脑的奖励通路中释放，天平就会向快乐的一侧倾斜。天平倾斜得越多越快，我们感受到的快乐就越多。可值得注意的是，天平想要保持平衡，它不希望长时间向某一侧倾斜。结果就是，刺激物产生的作用越来越弱。"

我们都经历过渴望——无论是想再吃一块巧克力，还是一口气看完一部电视剧。就像伦布克博士指出的："希望重现那些美好的感觉而不是任其消失，有这种想法很自然。简单的办法就是一直吃、一直玩，或者不停地看电视、不停地阅读。但随着反复接受相同或相似的刺激，人们对快乐的感知会越来越弱，快乐的持续时间也会越来越短，天平会更快更多地向中点靠拢，甚至向痛苦一侧倾斜，科学家们将这一过程称为神经适应。也就是说，在反复接受刺激后，我们的胃口会越来越大，需要更多的刺激才能再次体验同样的快乐。"

伦布克博士说："在长期大量的刺激下，快乐—痛苦天平最终会向痛苦的一侧倾斜。当我们体验快乐的能力下降，而更容易感受到痛苦时，我们的享乐阈值就会发生改变。有意思的是，享乐主义（纯粹地追求快乐）会导致快感缺乏，令我们无法享受任何形式的快乐。"

难怪现代生活富裕舒适，却没有让我们过得如期望中那般快乐。大脑中精密的奖励系统已经遭到反噬，而这恰恰解释了你时而"无精打采"的原因。

忙碌的大脑

让我们回到那天晚些时候,他们正徒步而行,寻找下一餐食物。

我们时常想象的是当时的穴居人追捕长毛猛犸象的情景,但在史前时期,人类既可能是猎手,也可能是猎物。

他们在自然界的地位还很低,主要食腐肉维生,食物来源多为强壮的食肉动物(如大型猫科动物)丢下的猎物残骸。这意味着危险如影随形,潜伏着的掠食者随时可能把他们变成下一顿大餐。

冰河时期骸骨上的爪痕表明,人类幼儿很可能会被猛禽、熊、鬣狗、狼、野猫和鳄鱼叼走,其中许多动物比现在的体型要大。如果人类要在这些威胁中生存下来,特别是在气候条件越发恶劣的情况下,他们必须学会预知危险,并设法寻找新的食物种类。

但预见威胁和设想未来需要大量的脑力劳动。随着时间的推移,这些迫切的需求促使人脑进化出了最密集、最厚实且具有折叠结构的外层,即参与想象及制定策略等高级思维过程的新皮层。

经过世世代代的自然选择,能够预知危险并知道如何寻找食物的人类活了下来,并将其基因一代代传递下去。久而久之,我们的大脑皮层相比其他任何物种变得更强大、更复杂,面积也增加了两倍。你会发现,即便威胁已不存在,我们的冰箱里也通常储藏了食物。可见我们的大脑还是一如既往地在忙碌。

高度警戒的身体

坐在舒适的家中，你无须再担心是否有生命威胁。

即使你走出家门，惨遭横祸的风险也微乎其微。

然而，无论是被捕食者追逐，还是收到关于工作截止期限的邮件，压力都会在你身体中触发同样的生理反应。它会激活相同的逃跑冲动。你的脑垂体和肾上腺仍会分泌压力激素，如皮质醇和肾上腺素。你的呼吸和心跳都会加快。

尽管现代生活舒适便利，但我们几乎无时无刻不在为某些事情焦虑，许多人因此饱受慢性压力之苦，这也是阻碍人们享受现代生活的一个主要因素。虽然我们倾向于认为，心怀忧虑有助于抵御威胁，但一系列研究发现，我们所担心的事情中有80%到90%根本不会发生——除了在我们脑海中。即使没有遭遇危险，我们的身体也会想象危险产生同样的急性应激反应，并释放压力激素皮质醇。

压力 vs 快乐

那么压力是如何导致快感缺乏的呢？压力系统与快感系统紧密相连，两者都由大脑的预警系统——杏仁核来调节。多巴胺和主要压力激素皮质醇都会产生激励作用，但作用方向不同。多巴胺会使你奔向让你感觉良好的事物，皮质醇则会使你逃离让你感觉不好的事情。二者之中，占上风的是皮质醇，它会抑制多巴胺的释放，并削弱奖励系统的敏感性。此外，作为传递神经冲动的递质，大脑中的多巴胺虽然飙升得非常快，但消退得也快。

皮质醇则是一种通过血液循环缓慢扩散到全身的激素，被触发后会在体内停留近一个小时。这是为了确保在捕食者还潜伏于灌木丛的情况下，我们的祖先能做好准备随时逃跑。从生存的角度来看，这非常合理。如果祖先们把时间都花在凝视地平线、欣赏日落上，而不是环顾四周是否有敌人存在，那他们也活不了多久。

我们和祖先的大脑基本上还是一样的。但鉴于如今人体内皮质醇分泌量极易上升，现代社会中的我们难以尽情放松和享受自我也就不足为奇了。

等级秩序

如果我们的祖先在大草原游荡一天后成功活了下来，他们就会和部落成员一起聚集到搭建的临时住所里（或一个岩石凹陷处）躲避袭击。在人类历史的这一阶段，虽然不难想象他们曾围坐在篝火旁，但是我们很难得知祖先们当时对火的驾驭能力，毕竟现有考古记录中没有关于余烬或祖先们之间对话的记载。能够猜测到的是，在这个阶段，人们的交流方式可能相当初级。

不管早期人类是通过怎样的方式进行交流的，如手势、身体姿势、面部表情或是声音，他们因此建立的联结对于人类的成功至关重要。对尼安德特人营地的研究显示，他们似乎无法生活在20人到30人的集体中，而此时早期智人已经生活在50人以上的群体中了。群体越大，需要养活的人就越多，对部落的组织性要求也就越高。他们必须学会分享资源、信息和技能，并更好地进行团队合作。

学会这些是有好处的。随着日积月累,这些智力需求促成了大脑中更为复杂的前额皮质的发育。若没有前额皮质,我们就不会进化出推动人类进步的高级语言能力。

与自然界其他动物相比,这些语言技能使人类成为一个特别善于合作且友好的物种,这在如今看来着实让人感到有点惊讶。

血清素与地位

大脑中额外分泌的多巴胺正是帮助人类离开起源地去探索地球其他地方的神奇物质。除此之外,我们祖先的大脑中还循环着一种让人感觉良好且分泌量超过其他动物的化学物质。玛丽·安·拉甘蒂(Mary Ann Raghanti)教授是肯特州立大学的生物人类学家。她的研究着眼于人类大脑中的化学物质与其他灵长类动物(如大猩猩和黑猩猩)的差异。除了奖励回路中的多巴胺含量更高外,我们的血清素水平也比较高,血清素既是一种激素,也是一种神经递质。与大猩猩或黑猩猩相比,人类体内的乙酰胆碱含量更少,而乙酰胆碱是一种与支配和领地行为有关的神经化学物质。这一切似乎都使我们变得更具社交智慧,更温和且适应力更强。这种化学物质组合"是人类区别于其他所有物种的关键所在"。拉甘蒂教授说,"在进化过程中,你会收获一个反馈回路——合作与结盟令人感觉很好"。

但血清素太多也有负面影响。我们的祖先会很在意同辈们的想法。这可不只是一场人气竞赛,部落成员间的关系和地位从属对他们的生存至关重要。我们的祖先在部落中的地位决定了他们可以获得多少食物，能选择什么样的配偶，以及他们能传承的基因质量。任何脱离群体的成员都将在荒野中独自面对死亡。我们很难具体得知什么能提升一个早期人类的地位，但运动能力、匀称的五官、食物采集技能和生育能力也许是早期"成功"的一些标志。我们的祖先还了解自己在部落中的作用，他可能是最佳投矛手，也可能因会制作最好的打火石或迅速给动物尸体剥皮而脱颖而出。

大脑在进化过程中，不仅会在我们与群体内其他成员建立联系时奖励我们一点点血清素，还会在我们的地位有些许提升时奖励我们大量的血清素。

在至少 200 万年的时间里，人类始终以狩猎采集为生。大约 1.5 万年到 1 万年前，我们学会了放牧和种植作物，并开始定居在农业社区。之后几个世纪，大多数人一直生活在中小型村庄中。18 世纪中叶，英国工业革命使人口开始稳步大幅增长。村庄变成了城镇，城镇变成了城市，城市变成了大都市。物质生活越来越丰富，我们积累的财富越来越多，生活富足成了成功的标志。随之而来的是，社会地位竞争也更加激烈。

人口激增

1804 年，世界人口为 10 亿。到 20 世纪 20 年代，这个数字翻了一番。自 1960 年以来，全球人口每 12 年左右就会增加 10 亿。这与快感缺乏有什么关系？答案很简单，我们生活的现代世界会影响大脑中化学物质的分泌，进而影响我们对生活的感受。

如今，我们不再生活在周围都是熟人的部落里，我们在一小时内遇见的人比我们祖先一辈子见到的还要多。电视和社交媒体的出现意味着我们接触到的陌生人数量在激增。

就拿寻找伴侣来说吧。几千年来，人类一生中能接触到的潜在伴侣寥寥无几，其中一些可能还是亲戚（从遗传学角度看，这显然不是理想伴侣）。而我们如今或心甘情愿或被迫地将自己"商品化"，在交友网站上被成千上万的陌生人粗暴地评价或否定。这会对我们的自我认知产生负面影响，对我们为回应社会而释放的大脑化学物质并无益处。

这只是我们付出的高昂代价之一。研究发现，使用 Tinder 等交友网站的人比不使用这些网站的人自尊心更弱，身材形象问题也更多，而这两个因素都会阻碍我们享受生活。

简言之，大脑只会在意你生活的群体中其他 50 个成员对你的看法，而不是 5 万个你从未见过的陌生人。

财产积累

我们的祖先过着游牧生活，他们不需要多余的东西，除了基本的工具和遮盖物以外，任何物品在他们眼里都是负担。有了农业之后，人类开始定居下来。住处既已固定，他们便开始收集对自己有用的物品。部落中各成员的地位逐渐通过其拥有的财产价值体现出来。

时间快进到 20 世纪下半叶，我们拥有的财产已超出自身需要。因此有一段时间，我们争相比拼各自拥有多少财产，自己的财产值多少钱，以为这样就能获得快乐。我们很快就发现这行不通了。因为随着生活水平的提高，富裕的生活成了常态。虽然商品价格各不相同，但许多人能买得起小玩意儿、大电视、名牌服装和汽车等事物。

于是，为了维持我们的血清素水平，并转移因感觉自己地位下滑而产生的压力，人类开辟了一个比拼地位的新领域：社交媒体。

金钱已成为地位的象征，如今这些公共平台上的粉丝数量也成了象征之一。问题是，随着时间的流逝，这种虚拟竞争已经在影响我们的快乐水平。如果随处可见比我们自己更出名或粉丝量更多的人，我们就会感受到压力带来的皮质醇冲击，这种感觉就像一个部落同伴为了从动物尸体上抢夺最多汁的骨肉而把其他人推开一样。

评判或被评判

攀比是一场零和博弈。为了释放一点血清素让自己感觉好些，我们会对他人评头论足。在我们嘲笑同事试图成为时尚博主的举动，或对朋友秀度假照片的"凡尔赛"行为嗤之以鼻时，我们也许确实会感觉良好，但这是有代价的。评判他人的弊端在于，我们知道自己也会被评判，这会让我们压力更大，担心自己受到更多的负面评价。

若我们为一段宝贵的经历留下照片是为了获取别人的评价和

羡慕，我们自己也就无法真正享受这段经历。

如果你那更善于分析的大脑皮层不断嘀咕："这张照片上的我看起来还行吗？"或者"我要让同龄人知道，我的人生也很成功！"你就不会再有好心情。

既然生活中不能没有社交媒体，那这些感受就很难避免，而且它们对脑力的消耗可能会超出我们的预期。

全球有近 50 亿人在使用某种形式的社交网络：Twitter、Facebook、LinkedIn、YouTube、Snapchat、Instagram、Pinterest、TikTok、Telegram、抖音、QQ 等，不胜枚举。2022 年，互联网用户每天花在社交媒体上的时间平均为 2 小时 27 分钟，创历史新高。

我们的攀比领域森罗万象，包括外貌、身材和时髦度、商业人气和生意红火程度、孩子可不可爱，以及品德高不高尚。

研究发现，我们每天有 10% 的想法涉及某种比较。简言之，我们的神经系统在受到自我的侵袭，且很难恢复。

催产素是如何改变人类历史的

还有一种让人感觉良好的激素也在受到现代生活的影响。催产素既是激素，也是神经递质，它能帮助我们感受到我们对他人的爱和信任。催产素对社会纽带有至关重要作用，它让父母爱护孩子，伴侣深爱彼此，并有助于群体合作。和多巴胺、血清素一样，我们的催产素分泌量也比尼安德特人要多。

为了了解催产素对群体和谐的重要性，让我们来看看人类的两个近亲——倭黑猩猩和黑猩猩，它们与人类的 DNA 相似度达 98.7%。倭黑猩猩生活在非洲中部食物丰富的热带雨林中，黑猩猩则在数千年间遍布非洲大陆。肉眼看来，除了倭黑猩猩体型略小略敦实外，它们并没有太多区别。

后来，研究人员开始注意到二者间存在的一些重要的差异。黑猩猩充满敌意和攻击性，倭黑猩猩则不同，它们已经在进化中学会接纳陌生来客、分享食物、不互相残杀，并通过拥抱、亲吻、玩耍和性行为等亲昵举动来解决冲突。这其中有一个原因也许很有说服力。

在一些最新研究中，人们发现，人类和倭黑猩猩的大脑中含有更多的催产素受体，这也许就是他们表现出更多同理心，更善于预测他人想法，以及更关注他人表情和眼神的原因。"他们也更擅长控制攻击性冲动及避免反社会行为。"论文的第一作者詹姆斯·里林（James Rilling）教授说。他在《社会认知和情感神经科学》（*Social Cognitive and Affective Neuroscience*）期刊上发表了该研究成果。

再往前追溯，对尼安德特人 DNA 的分析表明，他们拥有的催产素较少，这导致雄性竞争越来越多，内讧越发频繁，这也许就是他们灭绝的原因之一。但这对智人来说似乎是个好消息，可惜现在爱和归属感不再是我们获取催产素的唯一途径。

催产素一直是建立亲子关系的重要因素，但现代社会已经有办法让人们在没有面对面情感互动的情况下分泌催产素。性爱能激发催产素的释放，色情片也可以。这一爱的荷尔蒙极其随心所欲，它还可以将一个人的记忆与给他带来性快感的对象"绑定"在一起。这个对象可以是人，还可以是色情网站。网络色情令催产素可以在一天内迅速释放多次，反而有意义的性爱则很难做到这一点。

根据《当大脑沉迷色情》（*Your Brain on Porn*）一书已故作者加里·威尔逊（Gary Wilson）可知，沉迷色情意味着大脑开始与你作对，从而对奖励不再敏感。即使适度观看色情片也会使人丧失动力，趋于冷漠。德国马克斯·普朗克研究所的研究发现，观看色情片次数越多，时间越长，大脑奖励回路中的纹状体灰质减少得就越多，这会导致大脑反应迟钝。

研究还发现，受影响的不仅仅是催产素，大脑的多巴胺受体数量和多巴胺分泌量也会减少。

即使播放结束，色情视频仍会继续影响我们感受快乐的能力，它会让你的生活变得更加"乏味"。著名心理学家菲利普·津巴多（Philip Zimbardo）指出："这一区域的灰质减少会导致多巴胺信号衰减。该研究的首席研究员西蒙尼·库恩（Simone Kuhn）推测，经常看色情片多多少少会损耗大脑的奖励系统。这可以看作脱敏或对快感的麻木反应。这种与成瘾相关的大脑变化会使个体对快乐的敏感度降低，通常表现为需要越来越大的刺激才能获得同样的快感。"

在马克斯·普朗克研究所的研究发布之后，津巴多指出，越来越多的大脑研究发现，沉迷色情片者出现了脱敏反应。"致敏会让你的大脑对任何与色情有关的事物反应过度，而脱敏则会使你对日常的快乐感到麻木。"此外,催产素的分泌也没跟上。虽然在科技上越发互联互通,人与人之间的联系却前所未有地更加脱节。

在人类大脑中,孤独仍被视作威胁,因为如果独自一人,我们的祖先可能活不了多久。现在所有的东西都可以送货上门,我们通过手机和他人交谈的次数要多于现实生活中的面对面交流,但我们却无法获得同样舒适的亲密感,催产素分泌也没有增加。一个独自待在大学宿舍中听到外面热闹的年轻人,和一个几天没离开家的鳏夫,都有可能感到孤独。

当然,没人喜欢身边一直有旁人在。我们愿意与他人相处的时长因性格和个人经历而异。但如果与他人互动的程度和期望值之间存在差距,那么你就会受到催产素分泌不足的影响,你体内的快乐激素将再次遭受打击。

在我看来,问色情片是否会削弱你对生活的享受,就像问酒精是否会让你得肝病一样。我感觉自己把多巴胺消耗得干干净净,无法再做其他任何事情。我不得不休息很长一段时间,才能再次从平凡的事物中感受快乐。

——杰森,43 岁

生活的新鲜感为何会消退

冰河时期,地球变得越来越不宜居,食物也越发难找,因此,我们的祖先不能在一个地方久留。在多巴胺的驱使下,他们必须不断地想方设法地满足大脑日益增长的能量需要。因此，对新奇事物的热爱被纳入了大脑的基本奖励系统。

中脑腹侧被盖区（VTA）是大脑奖励系统的关键部分。当我们的祖先看到远处一棵新树结满了成熟的果实，或者突然发现有一窝鸟蛋可以搜刮时，中脑腹侧被盖区就会被激活。

这些奖励来之不易。现代生活中，中脑腹侧被盖区几乎不断地受到外界超常刺激的冲击。这就是我们会不停地查看手机的原因，这也是我们觉得只看一个电视频道不够，而必须浏览80个频道的原因。因为我们总有新东西要看。

当大脑对某样新事物的"渴望"得到满足时，它就会转而寻求别的刺激。久而久之，过度追求新鲜感会让我们产生厌世情绪，这也是快感缺乏症的另一个特征。

正如《哈佛幸福课》（Stumbling on Happiness）一书作者丹尼尔·吉尔伯特（Daniel Gilbert）教授所指出的："美好的事情在第一次发生时尤其美好，但随着事情重复发生，美好的感觉会逐渐衰退。"

不为享乐，而为生存

眼下你可能会有这样的印象：大脑这个器官不是用来让你享受生活的。这么想是对的。大脑的主要作用是让你活得足够久，以繁衍后代。本章开头提到的我们的祖先是没空心情不好的。如果他们能毫发无伤、安全地在部落中度过一天，并且感觉温暖、不太饿，那可真是美好的一天。最初的笑声并不是因一群早期人类互开玩笑而产生的，而是一种社会联结信号，用于和部落其他成员交流："哦，危险已经过去，我们安全了。"

冰河时期的祖先还给我们留下了别的遗产——一种与生俱来的消极倾向，这会使我们更难享受生活。如果我们的祖先正在森林里散步，却差点儿被蛇袭击，那么记住这次侥幸脱险比记住先前愉快的散步更重要，因为这样下次就能提高警惕避免伤害。可糟糕的是，作为一种保护机制，人类大脑在进化过程中会记住更多负面事件，而非积极事件。

杏仁核就像一台总机，决定着如何处理传入大脑的信息。为了谨慎行事，它倾向于留住具有威胁性的经历，以确保我们做好自我保护的准备。这就是现代生活中外界的批判犹如魔术贴一般粘在我们脑海中，而赞美却很少具有相同持久力的原因。

我们每天预计会产生6万到7万个想法，其中70%到80%是消极的。人到中年，糟糕的回忆足够多，这导致许多人在看待世界时不无忧虑。这不是我们的错，但我们可以为此做点什么。意识到这种生理倾向便是第一步。

让大脑回归正轨

上述这一切听起来好像很糟，但在理解了大脑的进化初衷是让人类活下去，而非产生愉悦感后，我们就有了一个可行性较高的行事基准。

这也提醒我们，无论现代社会和那些想向我们推销东西的公司是怎么说的，快乐的精神状态从来都不会永久持续。

认识到这一点也不必惊慌，因为我们正在以前所未有的方式了解大脑。生活在 21 世纪并不意味着无法拥有快乐，只是我们可能需要付出比预想中更多的努力。

◀◀◀ 第 / 三 / 章

为什么现代社会让快乐越发遥不可及

大脑的进化初衷是让人类在这个世界上生存下去。讽刺的是，我们竟以为时刻享受生活是一项基本权利。事实上，这是一个相当现代的概念。早在公元前 6 世纪，佛陀就已劝告人们勿刻意追求快乐，并指出越是执着于快乐，就越有可能失望。

地球另一边，气候温和、食物充足的希腊是最早摆脱基本生存桎梏的文明之一。由于不必担心食不果腹，他们有了更多的时间去思考人生的意义。佛陀诞生 300 年后，哲学家亚里士多德也指出，享乐主义（纯粹地追求快乐）不会带来快乐。他强调，成为好人比感觉良好更重要，并提出人生还需要意义和"因理性而积极的生活所带来的幸福"（eudaemonia）——美好的人生是更值得追求的目标。基督教和伊斯兰教也采用了这一思想，意在让信徒们追寻来世的喜悦，而非此时此刻的欢愉。

17—18 世纪启蒙运动时期，在法国国王路易十四和英国国王查理二世的宫廷等享乐主义盛行之地，快乐的重要性确实在不断提升，但那更像是一种罪恶的享乐。

1776 年美国规定"生命、自由和追求幸福"的权利是任何人都可以追求和获得的。

1942年，美国心理学家亚伯拉罕·马斯洛（Abraham Maslow）指出，只有首先满足食物、安全、休息、人际关系和住所等基本需求，才能获得幸福。

现在，在工业化社会，尤其是在迅速成为最成功经济体的美国，人们更容易满足这些需求，幸福开始被视为一种可以购买的商品。

追求幸福

广告业没过多久就摸索出了如何以"产品会让购买者感到多么幸福"的承诺来推销产品。20世纪50年代，随着电视普及，商业频道不断播放主妇们因购买洗衣机而喜笑颜开的广告，仿佛她们的快乐就取决于此。

在接下来的几十年里，情景喜剧中的笑料、徽章和T恤衫上的笑脸强化了"幸福应该是一种静态，我们不应该偏离它"的观念。随着越来越多的人买得起照相机，拍照时的标准指令就是微笑。从照片内容来看，人们看起来在享受每一刻。

直到20世纪70年代，心理学和精神病学还被视为针对严重精神病患者的主要科学。然而，随着在竞争激烈的社会中"跟上时代步伐"的压力增大，社区成员之间的联系紧密度降低，抑郁症的发病率在接下来的几十年里开始上升，其中以美国等国最为严重。随着宗教在人们生活中的重要性降低，人们不再期待来世的幸福。人们现在就想获得幸福，希望越来越多的心理学家来告诉他们不快乐的原因是什么。

我们获得的物质越多,就越相信自己在情感上值得拥有。现代世界的便利却开始愚弄我们,让我们以为一触即发的幸福是与生俱来的权利,而它原本是被设计出来的一种动力,只能给我们带来短暂的满足感。我们的虚假权利感越强烈,我们就越容易感到痛苦。我们创造了这样一个社会,当现实无法满足我们过高的期望时,我们就会觉得自己出了大问题。

就在那时,心理学界认为,必须做些什么来帮助人们缩小差距。1998 年,心理学家马丁·塞利格曼(Martin Seligman)在就任美国心理学会主席的就职演说中提出了一个建议,即心理学界需要关注的不仅仅是让人悲伤的事情,还要关注让人快乐的事情。快乐,以及如何获得快乐,成了一门科学。

当分析家们注意到快乐的工人生产效率更高时,快乐就被视为一种必须量化的商品,因为它对经济增长至关重要。2012 年,首份《全球幸福指数报告》(World Happiness Report)发布,它对各国幸福指数进行了比较。从该指数发布之初,最幸福的国家就一直是芬兰、丹麦、挪威和荷兰等国。

那么,世界上最幸福的人的秘诀是什么呢?虽然繁荣有一点帮助,但它并不是一切,因为德国、美国、加拿大和英国在榜单上的排名要靠后得多。相反,人们发现共同的因素包括自由、诚实且廉洁的社会、持久的人际关系和强有力的社会支持、户外活动的机会,以及工作与生活之间更好的平衡。然而,即使是积极心理学也无法克服这样一个问题,即由消费者驱动的 20 世纪标准所创建的人类幸福模式几乎总是会触及无形的天花板。

在大学时，我经常大笑。现在我大概一周笑一次。

——贾马尔，29 岁

成功的代价高昂吗

1979 年，一本新型自助书籍上架。书名用火红的大字写成：《倦怠：如何战胜成功的高昂代价》(*Burnout: How to Beat The High Cost of Success*)。作者是心理学家赫伯特·J. 弗罗伊登贝格尔（Herbert J Freudenberger）博士，他提出了"心身耗竭综合征"的概念，并称其为"现代生活中令人苦恼的症状"。

该书封底的倦怠清单与快感缺乏症有很多相似之处。它询问你是否曾经"充满热情、勤奋工作、乐观向上"，现在却觉得"疲惫、幻灭、沮丧"；你是否不得不"强迫自己去做，哪怕只是例行公事"；它还谈到了"动机或激励的消失"。

在接下来的几年里，关于这一新话题的测验不断涌现，提出的问题包括：快乐难以捉摸吗？你能自嘲吗？性生活是否看起来麻烦多多？你是否很少与人交谈？

很快，"倦怠"这个词进入了主流社会语境中。1991 年，佛罗里达州《棕榈滩邮报》(*The Palm Beach Post*)的一篇文章指出，越来越多的父母都在工作，他们也可能出现倦怠。保姆卡罗尔·沃尔特（Carole Wolter）说："这并不是说他们不关心自己的孩子。"她正忙于观察这一趋势："而是他们做得太多了。"

智能手机时代

倦怠感已经开始抬头，即使是在离开办公室就可以一觉到天亮的时代。然而，这距离电子邮件的普及还有整整十年，距离更快的 Wi-Fi 还有二十年，距离第一款智能手机问世还有四分之一个世纪。

2007 年，苹果公司推出了第一款手机，让人们在旅途中也能完成电脑上的大部分任务。它的设计让人爱不释手，相机、地图、社交软件、日记、秒表、运动追踪器和虚拟钱包都被囊括其中。起初，我们觉得能在任何地方接听工作电话和接收信息是一种自由，但事实证明，我们要为这种自由付出高昂的代价。

当我们紧紧抓住一个需要如此多注意力的东西时，要享受此时此刻的生活并不容易。手机从四面八方向我们轰炸——电子邮件、短信、社交媒体消息和语音邮件。我们很少不看手机，也很难不发现一些让人皮质醇升高的东西——无论是新闻，还是提醒我们某个人、某个地方过得更好的信息。当我们看到一个陌生号码或一封来自老板的电子邮件时，我们的反应就像被掠夺者追捕一样强烈。然而，我们却不得不一直查看手机。这给了我们一种控制的错觉，让我们觉得自己可以击退来袭的洪流。

你的智能手机比将人类送入太空的第一台计算机强大数百万倍。自 20 世纪 60 年代以来，计算机的处理能力已经提高了一万亿倍。然而，负责处理这些海量数据的还是我们一直拥有的那个大脑。

对于大多数行为成瘾者来说，治疗方法通常是戒断。但是，对于一个被特意打造为必不可少的工具来说，要做到戒断并非易事。一旦我们的智能手机随时都能触手可及，就没有不被打破的幸福泡沫。"时刻开机"已成为生活的常态。

倦怠时大脑会发生什么变化

每当你收到压力信息时，你的大脑的"雷达"杏仁核就会发出警报。杏仁核发现有值得担心的事情后，就会向"飞行台"下丘脑发送信息，告诉你的身体下一步该怎么做。然后，自律神经系统的所有系统都开始运作，肾上腺开始分泌肾上腺素。肾上腺分泌的类固醇激素有助于控制心率和血压，肾上腺素的释放会加强心肺功能，为肌肉提供氧气和血液，从而为"逃跑"做好准备。如果大脑仍不能确定威胁是否已经消失，它就会通过调动激素系统进一步提高警惕。这一次，它会触发皮质醇的释放，告诉你的身体，你仍然需要保持警惕。

这个系统的设计初衷是应对短暂而尖锐的威胁。它并不是为了应对全天候的压力输入而设计的。随着时间的推移，皮质醇会对身体造成损害，甚至会改变大脑结构，缩小海马体，增大杏仁核，使其反应更加激烈。长期压力还会使前额叶皮质变薄，而前额叶皮质可以帮助你从恐慌中冷静下来，以正确对待即将到来的压力。所有这些影响都会被放大，如果这些压力让你感到无情和无法控制，就更有可能引发倦怠。

最重要的是，当皮质醇总是升高时，它会降低其他化学物质带来的快感。它还会把你的注意力缩小到你需要做的事情上，以摆脱最近面临的危机，因此，你几乎没有精力做其他事情。

艾米·阿恩斯坦（Amy Arnsten）是耶鲁大学医学院的神经科学教授，研究倦怠时大脑发生的变化。"最显著的（变化）之一是前额叶皮层灰质变薄，"她说，"这是双重打击。在前额叶皮层变得更薄弱、更原始的同时，产生恐惧等情绪的大脑回路会变得更强大。你会开始把世界看成有害的，其实不然。"

我们也忘记了大脑的资源是有限的，所以它为节省能量而采取的应对机制之一就是麻木。"静态负荷"是指当你反复暴露在高压力下时，当对你的要求超过了你的应对能力时，将会对身体造成损害，它可能导致激素状况和免疫功能发生变化。而这种变化与抑郁症和快感缺乏症密切相关。

倦怠的影响

纳维德·艾哈迈德（Naveed Ahmad）是 Flourish 公司的首席执行官，该组织的宗旨是解决现代生活常常让人感到压力大和不堪重负的问题。他回忆起自己在 28 岁时意识到职业倦怠削弱了他的感受能力。在瑞士参加全球食品行业的一次重要会议时，两封邮件让他看清了自己的生活。纳维德回忆说："这两封邮件代表了我人生中可能经历的两种极端情绪。第一封是我老板的老板发来的，祝贺我提前获得了晋升。这本该是一个充满喜悦、满足和兴奋的时刻，但我却没有感受到任何喜悦。这本身就够糟糕的了。我很难用语言表达我当时的感受，但是我没有任何感觉。"

纳维德合上笔记本电脑，穿着西装倒在酒店的床上，很快就睡着了。"那一刻,我什么也没意识到,什么也没感觉到。我只知道有些事情必须改变——我不能再这样生活下去了。我花了一段时间才恢复精神。我向公司请了假,开始接受心理治疗,并开始关注自己的健康,以便让自己好起来。为此,我花了几个月的时间。"

当被问及为什么他认为倦怠会导致麻木时,纳维德说:"我不是生理学专家,但我认为这是身体应对压力的一种方式。在某种程度上,当事情变得如此糟糕时,没有感觉比感受到具有挑战性的情绪更容易,但这样做对身体来说真的很难——需要大量的能量来麻痹这些感觉,这就是我们会变得极度疲劳并失去动力的原因。"

哈佛大学生物学家琼·博里森科(Joan Borysenko)在研究倦怠时,将倦怠分为以下阶段:"首先是想通过狂躁的工作来提高自己,然后是把自己的需求放在最后,感到痛苦却不知道为什么,变得沮丧、好斗、愤世嫉俗,进入'何必呢'的状态——快感缺乏症,最后进入身心崩溃。"

博里森科博士在描述自己的心路历程时,讲述了她过去是如何幻想发生车祸的,因为这样她就有借口离开跑步机几天而不会感到内疚。她指出,倦怠的人很快就会失去幽默感,变得牢骚满腹、脾气暴躁,而且常常人格解体——觉得自己是在以旁观者的身份看待自己的生活,而不是积极的参与者。他们还会出现情感迟钝,这是快感缺乏症最明显的症状之一。博里森科博士解释说:"此时,你与生活之间的鸿沟是如此巨大,以至于任何形式的刺激都必须特别强烈才能让你产生感觉。你曾经喜欢的食物可能看起来平淡无奇。你吃沙拉,可能会觉得口味太淡。有些人说,他们想吃甜的或咸的食物,比如培根。情绪衰竭、无望的冷漠、冷淡以及一切都显得毫无意义,而这显然是情绪的重叠。对工作愤世嫉俗也是一种表现。这是一种应对机制,它让你产生一种错觉,觉得自己可以控制局面,并与之保持距离,而在这种情况下,你却觉得自己很强大。久而久之,它就成了我们观察整个生活的过滤器。"

在我有时间做的事情清单上,娱乐项目已经消失了很长时间。工作和家庭的重担让我觉得玩乐是一种奢侈。

——罗布,46 岁

我的倦怠经历

在我职业生涯的中途,我曾是倦怠俱乐部的正式成员。我在办公室工作了 4 个小时,然后就去医院进行剖宫产手术。作为一名执行主编,我正在为一本美国杂志的改版工作奔波,希望长达 40 页的交接备忘录能为我赢得更多与孩子相处的时间。

一周后,我的老板打来电话,问我是否介意在家工作,因为原定接替我工作的人认为这份工作不适合他们。当然,我们本可以多赚点钱。但事实是,就像我们这一代的许多人一样,我一直被灌输了这样的观念:如果你想工作得好,你就必须付出高昂的代价。

到了这种地步,去看一次医生的感觉就像在水疗中心做一周的水疗一样放纵自己。相反，我努力满足孩子和编辑们的要求，而我的丈夫则在办公室里每天工作14个小时。我开始意识到，"拥有一切"意味着必须同时做好所有事情。

我知道自己不想成为那些传说中通过视频通话软件给孩子们读睡前故事的母亲。因此，我认为在家工作是解决之道。然而，这样做似乎会让孩子们受到父母更多的骚扰。我似乎总是在接送孩子上学和睡觉时间接到最紧张的电话，而我却希望能完全陪伴在女儿们身边。我最不喜欢的为人父母的记忆是，当我试图回答一个紧急的工作问题时，5岁的莉莉（Lily）躺在地板上尖叫："你说过你会做纸杯蛋糕的！"我感觉自己的头都要炸了。那时，老板和客户不担心家庭中的紧张气氛会产生多米诺骨牌效应，他们只会认为：那是你的问题，不是他们的问题。

然而，我们的工作日只是我们的第一班岗。问题正如美国作家艾米·韦斯特维尔特（Amy Westervelt）所指出的，我们中的许多人"靠"得太紧了，以至于我们开始"瘫倒在地"。我从未听说过"快感缺乏症"，却有迹象表明，我已经处于行尸走肉的状态。在克里奥（Clio）的4岁生日派对上，我隆重地为她献上了生日蛋糕，然后就想为什么会出现这样一个"反高潮"。一切都那么模糊，我完全忘记了插蜡烛。我从来没有想过，我可以享受女儿的生日，或者陶醉在小孩子的生日派对所带来的幸福和甜蜜的时刻。它成了我待办事项清单上的又一个紧张的计划。

不堪重负的状态偷走了本该属于我最大的快乐——我的孩子。事实上，无论我们的初衷多么美好，过度劳累和不堪重负都会让我们很难享受生活。压力是快乐的最大敌人。然而，由于西方社会鼓励我们"机械地活着"，所以我们常常停留在这种状态。我们被教导去"打钩"，而不是去问什么对我们的健康有益。我自己的倦怠线索是，在又一天忙于照顾孩子、赶截稿日期和接受众多编辑的询问之后，我躺在床上无法说话，更不想做任何事情，只能看一些不会消耗大脑的无意义的电视。

我们每个人都有自己的个人经历，这些经历可能会让我们陷入不知所措和快感缺乏症中。

研究表明，女性患抑郁症的比例是男性的两倍，与之不同的是，快感缺乏症对男性和女性的影响似乎是相同的。然而，男性可能觉得不太能够表达这种情绪。

快感缺乏症可以在任何年龄段出现。如果大学生意识到，为了获得一份体面的工作，他们一直承受着考试成绩的压力，而这种压力并不会很快消失，那么他们就会出现快感缺乏症；如果养老金领取者意识到，他们已经对孙辈失去了喜爱之情，那么他们也会出现快感缺乏症。

如果是轻度抑郁怎么办

快感缺乏症的一些表现是抑郁症的核心症状，但正如我们听说的那样，并非一定是重度抑郁才会出现快感缺乏症。重度抑郁症是一种严重的精神疾病，常常使人丧失工作能力，而心境恶劣则是一种隐蔽而不明显的精神疾病，时常被人忽视，而且经常与快感缺乏共存。在这种情况下，你仍然能够正常工作，可能从未发作过严重的抑郁症，但心境恶劣——也被称为"微笑抑郁症"——容易被忽视，因为你仍在继续生活，而且它似乎没有严重到需要解决的地步。

但是，它可以沉淀为一种存在方式，让人无法想象其他的生活方式。

心境恶劣是轻度抑郁症，你可以坚持下去，但这不意味着它应该被忽视。你也许会让盘子继续转动，但这只是因为你害怕盘子倒地后发生的结果。

如果你持续两年不快乐，并且至少有以下两种症状，那么是时候重新评估自己的心理状态了。在这段时间里，你是否持续出现过以下情况[①]：

长时间处于悲伤、空虚和绝望的情绪中；

难以集中注意力和做出决定；

睡眠模式一改往常，甚至出现"凌晨4点恐惧症"；

易怒；

在公共场合可以装作若无其事，但在家里情绪很难不低落且脾气暴躁；

食欲不振或过度节食；

自尊心低，自我批评多；

对日常活动失去兴趣，回避社交活动。

快感缺乏和失去生活乐趣只是心境恶劣的一种表现，它们之

[①] 该部分资料来源：妙佑医疗国际（Mayo Clinic）。

间可能有很多重叠之处，因为它们会相互影响。一旦你发现自己有上述许多症状，请找一位合格的心理健康专业人士对你进行评估。持续的消极想法和皮质醇的升高为抑郁症创造了肥沃的土壤。就像感冒可能会发展成肺炎一样，心境恶劣也可能会发展成更顽固的疾病。

如果你认为心境恶劣不要紧而忽略它，那么你需要对此重视了。因为只要有一个重大的压力源（如失业）出现，你就会遭遇更严重的心理问题。

第 / 四 / 章

童年经历影响你对快乐的看法

9岁时,我在周末会去看父亲。由于父母再次分居,我很期待他们能回到家里。我还记得,阳光透过窗户流淌进客厅,我兴奋地说着那天我希望我们能一起做的事情,其中一个是去汉普顿宫。那是都铎王朝时期的宫殿,与我们居住的地方隔着一个公园,我很喜欢去参观。但当说出这个想法时,坐在我对面的父亲的脸色一下子阴沉下来。他突然冲我厉声斥责,说我们去不了;责问我难道不知道他生意失败,没钱买门票吗。(与现在相比,当时的门票价格只是个小数目)是的,我不知道。

我还记得,他把气撒在我身上时我那困惑不已的心情。即使到了现在,我还能感受到当初坐着时大腿粘在皮椅上的感觉。我当时小声地向他保证,我们可以去附近的公园玩,因为那样不用花钱。虽然父亲大部分时间很慈爱,但他出人意料的反应不止这一回。我也因此明白快乐是不牢固的,并觉得如果我感到快乐,某事或某人也许就会把它从我身边夺走。

对快乐的看法

并非所有"无精打采"的感觉都与大脑功能或现代生活的压力有关。你获得快乐的能力也许还和童年经历挂钩。你甚至可能都没有觉察到,在意识最深处,有一些看不见的障碍在阻碍你感受积极的情绪。研究发现,对有的人来说,幸福快乐并非好事。童年时的一些经历让他们觉得自己不该对未来心怀期待,也不配拥有幸福,又或者认为在他们自己心情不错的时候,总会有破坏心情的事发生。

童年不仅影响了你对幸福的信念,还可能塑造了你的神经系统。作为一个小婴儿,你刚出生时没有自卫能力,急于抓住任何能让你感到安全的东西是必然的。当你被照顾者拥抱和安抚时,体内的催产素等激素会增加,你会因此感到满足和安全。

如果你感到孤独、害怕或饥饿,这种抚慰会再次降低你的皮质醇水平。如果有人在你哭泣时抱起你,你就不会再感到不知所措。催产素也会抑制肾上腺素和去甲肾上腺素的水平,让你恢复平静。如果在急性应激反应被触发后没有人来安慰你,这就可能会影响你的神经系统的反应。如果事情发生在你会说话之前,你可能没有任何被遗弃、害怕或困惑的记忆。

大量研究发现,孩子的早期经历对于他们长大后如何释放压力化学物质至关重要。如果你还在学习如何调节情绪时就经历了令你崩溃的事情,那么这些事情可能会影响你的压力反应。尽管你现在已经长大成人,能够掌控自己的生活,但你的身体已经习惯于释放高水平的激素,如皮质醇、肾上腺素和去甲肾上腺素。

儿童如果长期在经历不可预测的压力时得不到安抚，就会变得过度警惕。他们长大成人后，即使最初的压力已经过去，他们仍会感到不安全。这意味着，即使到了成年，他们也很难停止对环境的扫描，并担心坏事随时发生。如果你总是保持警惕，就很难放松和享受体验。

我去看了心理医生，她让我试着去感受身体里的情绪，而不是试图立即对它们进行分析。

——达维娜，45岁

研究表明，成年后，感觉良好的化学物质血清素和催产素会受到负面影响，从而更有可能出现快感缺乏症。正如《身体从未忘记》（The Body Keeps the Score）一书的作者、精神病学家和神经科学家巴塞尔·范德考克（Bessel van der Kolk）所说："受过创伤的人在体验快乐和喜悦方面有很大问题……他们的身体往往要么过于警觉，对每一次呼吸和触摸都有反应，要么过于麻木。"

在成长过程中，我接受的教育是："你的工作就是努力工作，让我们的家庭看起来至少过得很好。"当我还是个孩子的时候，我就这样做了，因为这是我所知道的一切。通过成为一名律师，我实现了家人的愿望。但事实上，即使是我的童年过得也像是工作，这意味着我也不知道什么是乐趣。

——阿比，53岁

对快乐的恐惧

你能从"快乐恐惧"量表(心理学中的一种测量工具)中识别出其中的几种说法吗?

我担心如果我感觉良好,就会有坏事发生。

感觉良好会让我觉得不舒服。

我很难相信积极的感觉。

好的感觉永远不会持久。

当你高兴的时候,你永远无法确定会不会有什么事情突然袭击你。

如果你感觉良好,你就会放松警惕。

我不会让自己因为积极的事情或成就而过于兴奋。

我觉得自己不配拥有快乐。

我害怕让自己太开心。

我看着别人对某事感到兴奋,我自己却从未有过同样兴奋的状态。兴奋的他们会说:"这太有趣了。"但我不明白这有什么大不了的。我在想,这也许是因为在我成长的过程中,我的身边没有太多的欢声笑语。

——乔,34 岁

脱离快乐

你努力享受自己的另一个原因是,你与快乐的感觉脱离了关系。童年时，我们实际上都是"人质"。我们无法选择自己出生的家庭，我们的一切生存需求都完全依赖于父母或者直接照顾我们的人。如果我们没有出生在一个情感健康的家庭，我们的情绪就通常无处可逃。如果我们在还没有足够的年龄应对或处理所发生的事情时，看到了令我们害怕的事情，我们可能就会冻结或疏离自己。在震惊过后的很长一段时间里，这种联结会一直持续到成年，因此，我们的神经系统会一直以同样的方式做出反应。

尽管对这一过程还不完全了解，但有一种脱离理论认为，当儿童面临他们年幼无法应对的威胁时，他们的神经系统会做出反应，减少流向前额叶皮层的血液。苏珊·奥弗豪瑟（Susan Overhauser）博士是一位专门治疗创伤、依恋和脱离的临床心理学家："杏仁核会发出警告信号。作为回应，额叶（我们大脑中支持推理的部分）会离线，无法做出反应。相反，血液流向我们的四肢，希望我们可以通过战斗或逃离来避免危险。在这种身体状态下，对世界的感知直接进入我们的身体—心灵，不受思维的过滤。"

成年后，压力和创伤经历可能并不是你唯一疏远自己的时候，在其他本应感觉良好的时候，你也可能与自我脱离。

起初，当我意识到自己可以从压力环境中脱离出来时，我觉得这就像是一种超能力在我身上发生了作用。后来我意识到，这是我在童年时期形成的一种防御能力。当我看到家里的大人做出可怕的举动时，这样做可以保护自己。但是，我并不只是远离压力环境，我也在远离快乐的环境。

——玛雅，46 岁

我的脱离经历

在我十几岁的时候，我意识到自己在紧张的情况下，如在家庭冲突的时刻，会变得很奇怪，好像我是在隧道的另一端看这段经历一样。从外表上看，这让我看起来很平静、很有控制力，但实际上我没有任何情绪。当时，我认为这是一种力量。后来，我开始注意到它的另一面——这种疏远感发生在我本该高兴的时候。

最突出的例子是在我的婚礼上。那年我 33 岁，童年已离我远去。当我们站在圣坛前时，我看到我丈夫安东尼（Anthony）眼中流淌着幸福的泪水，但我却无法真正体验到这一时刻的喜悦。虽然我很想感受这种喜悦，但我感觉自己并没有完全融入其中。

婚礼当天的那一刻在我脑海中久久挥之不去。这真的让我很困扰。毕竟，如果我无法享受这本应是我一生中最幸福的日子之一，我又怎么能找到摆脱快感缺乏症的方法呢？

神经系统网络

在随后几年的治疗过程中，我曾向咨询师提及婚礼当天的经历，但没有得到明确的解释。后来，在与快感缺乏症咨询师兼研究员杰姬·凯尔姆（Jackie Kelm）的一次谈话（作为本书研究的一部分）中，她提出了一种更新的方法，即研究我们的神经系统是如何被连接起来的。这帮助她辅导过的数百名快感缺乏症患者了解了他们在快乐的时刻总是无法完全投入的原因。

长期以来，虽然我们一直倾向于依靠谈话疗法来解决童年时期的困难，但身体并不是被大脑机械指挥的一根棍子。两者是同一系统的一部分。在婴幼儿时期，我们的身体就已经开始发育，我们甚至可能不记得那些导致我们的神经系统做出调整以试图应对的创伤时刻。艾琳·里昂（Irene Lyon）是世界领先的躯体疗法专家之一，她研究了这种联系。她说："人们不一定是在童年时期受到虐待才会过度警觉或分离。他们可能目睹了自己无法控制的事情，事后没有得到安慰，或者自己的感受被忽视、否定或否认。这些事情可能是你的父母彼此憎恨、经常吵架，或者他们工作超级忙，或者你被扔到很多不同的环境中需要照顾。我们小时候无法逃跑，因为我们无法独自生存，所以我们可能会把自己从身体里抽离出来。分离的人会说这样的话：'我从上面看到了自己，我飘了起来。'他们甚至会有一种轻飘飘的感觉。他们失去了此时此地的立足点。当时，这种感觉就像一种可以帮助我们的超能力，但当我们不再需要它时，脱离感仍然存在。这可能意味着你在快乐的时刻也感受不到快乐。"

从脱离状态中恢复的简单方法

在出现分离的时候，躯体治疗师会推荐一些技巧，让你回到自己的身体中。当你意识到在本应感觉良好的时刻，却感觉自己像个局外人在旁观时，这些技巧也会有所帮助。虽然方法很多，但常用的基本技巧包括：

慢慢呼吸，注意自己的呼吸。

留意周围的声音。

触摸质地不寻常的东西。

闻一闻有强烈气味的东西。

品尝某样东西，注意其中的味道。

儿童时期的信息和思维模式

在童年时期，你可能收到过一些信息，这些信息让你现在很难感受到快乐。如果你成长在一个成年人的行为方式不可预测、生活氛围随时可能变得充满威胁，或成年人不履行承诺的家庭，你可能会陷入一种愤世嫉俗或悲观失望的情绪模式，以试图保护自己免受伤害。为了保护自己，你可能已经确信放下戒备、"放手"或通过真正感受某种情绪来让自己变得脆弱绝对是不安全的。

小时候，如果我不高兴，就会被告知"男孩不要哭"和"不要打开水龙头"。为了应对这种情况，我学会的办法就是麻木自己的感受。我学会了只允许肤浅的、可被接受的感受出现，包括对任何事情都不要太激动。

——罗宾，58岁

从三十多岁开始的很长一段时间里，我都没有任何感觉。去年，我开始去看心理医生，我们谈到了我的童年。我开始看到我的过去和现在之间的联系。作为四个孩子中最小的一个，我觉得自己必须适应社会。为了被接纳,我的反应是成为一个讨好别人的人,压抑自己的需求——这意味着不做那些让我感觉良好的活动。我顺从了家人的要求。在治疗师的帮助下,我回到过去,认识到自己关于幸福的核心理念,从而质疑并改变它们。

——英格丽,52 岁

你也可能已经形成了一种思维模式,认为期待事件发生是不安全的。

像"别再抱有希望了"这样的想法可能会在你的脑海中闪现。如果你从不允许自己期待任何事情,你就会破坏大脑自身的奖励系统。

你的防卫甚至可能看起来已经成为一种个性特征,而实际上你的愤世嫉俗只是试图保护自己免受痛苦。

因为父母在我 11 岁时就离婚了,所以在我的成长过程中,我们一家人几乎没有在一起的美好时光。在我 35 岁左右的时候有一次度假,我记得我坐在一个游泳池边,看着一家五口——父母两人和他们三个十几岁的孩子——在水里玩得很开心。他们有说有笑,玩游戏,嬉戏打闹。我简直无法理解我所看到的,实际上,我感到很恼火。后来我才意识到,我以前从未见过一家人在一起真正开心地玩耍。当我意识到这给我带来了非常强烈的感受时,我才知道必须找出背后的原因。

——丽兹,39 岁

童年时期的压力

一系列研究表明,童年早期的压力会改变奖励回路的发育过程,甚至会使其对美好经历的反应变得迟钝。美国杜克大学的心理学家通过大脑扫描发现,童年和青少年时期累积的压力越大,奖励回路的一个关键部分——腹侧纹状体的活动率就越低。换句话说,有这种童年经历的人可能不会从积极的经历中获得那么多快乐。早期压力,特别是幼儿园到小学三年级期间的压力,在儿童长大后对奖励的反应有很大影响。

研究还发现,被忽视和受虐待的儿童的消极和积极情绪范围较窄,其中受虐待的儿童更容易感到麻木。研究人员认为,他们还可能形成了一种消极情绪模式,这种模式占用了他们过多的精神能量,使他们无法感到快乐。治疗师艾琳·里昂说,至少有一半的人在寻求帮助处理童年创伤的后遗症时,都会谈到情绪平淡的感觉。"他们说:'我没有任何感觉,我从不哭泣。我都不记得上一次对某件事情充满期待是什么时候了。'人们会受伤但又会坚持下去,因为这能减轻身体上的疼痛。"

我试图找出我在社交场合和工作中感到紧张的原因。通过治疗,我意识到这就是我在家庭中成长的感觉——永远不够好,就像一个局外人。我必须回到过去,想象我希望父母给我的安慰和爱。这并不容易,但重新养育自己是一个开始。

——波莉,51 岁

回顾你的童年

如果你的童年很少有快乐的回忆,这可能会降低你对享受生活的期望。你可能根本不知道幸福是什么感觉,或者已经失去了寻找幸福的希望。

如果你的父母把他们自己的需要放在第一位,或者表现得不希望你在他们身边,在你的潜意识里,你可能就会觉得你自己不讨人喜欢。如果照顾你的人太过分心或压力过大,没有时间陪你玩或对你微笑,你可能就会把这种缺乏回应的行为视为一种拒绝。这样的结果就是,你在社交场合永远无法完全放开自己而尽情享受。

如果你得到的信息是你不够好,或者没有达到他们的期望,那么你也可能把取悦他人作为一种策略,总是把别人的快乐放在自己的快乐之上。

又或者,你来自一个不喜欢无忧无虑玩乐的家庭。你家里有人抑郁或生病吗?是否有一条潜规则规定你不能违背它?或者你是否很早就得到了这样的信息:你必须放弃玩乐,努力学习才能取得成功?

这可能意味着,当幸福或快乐的感觉开始悄悄袭来时,你会感到不舒服,你会压抑它们。因为你不知道如何去感受它们,所以第一反应是拒绝或抵抗。你的身体也可能会出现无法解释的反应,如手心出汗或胸口不适。

或者,如果你是在一个混乱的家庭中长大的,那你可能会觉得那是一种常态。你可能已经习惯了戏剧性的事件发生在你的周围,以至于如果你在成年后的生活中看不到这些,你就会感到无聊和麻木。

我在一个混乱的家庭中长大。我的优点是功课很好，所以当家里情况不好的时候，我就会投入功课中去。这意味着成为工作狂成了我的应对机制。当我到了 50 岁左右，回首往事时，我才意识到，我工作得如此辛苦却从未让自己有时间去享受快乐。

——佐伊，55 岁

正如精神病学家保罗·吉尔伯特（Paul Gilbert）所描述的："有些人经常会担心，如果他们因为某件事而感到快乐，那么快乐就会被夺走。"有一种理论认为，对幸福被夺走的恐惧——"幸福恐惧症"（cherophobia）——是如此之大，以至于经历过这种恐惧的人不会去冒险。他们可能会因为获得快乐感到内疚，或者担心这会导致不好的事情发生。他们可能害怕让自己太快乐，认为自己不配拥有好心情。

要探索你自己关于幸福的个人信念是如何在童年时期形成的，请考虑以下问题：

在你童年的大部分时间里，你的父母都是快乐的伴侣吗？

你的父母喜欢和你在一起吗？

你是否经常全家外出度假或休息？

在童年时期，你是否有很多机会尽情玩耍和嬉戏？

你是否经常与父母一起欢笑？

你是否有有趣的、共同的家庭笑话和故事（内容不是刻板的或取笑家庭成员的）?

在成长过程中，你觉得自己在家庭中重要吗?

你是否觉得你的父母是以独特而公平的方式对待家中所有的孩子?

你是否觉得自己有一个大家庭，在你需要的时候，他们会关心和安慰你?

你的父母看起来很享受生活吗?

你是否感受到过无条件的爱?

如果你遇到困难，你觉得可以向父母或家人倾诉吗？他们会让你感觉好些吗?

你是否觉得你的所有感受都是"被允许"的?

世界上没有完美的家庭。但是，如果你的回答中"否"多于"是"，那么你也许应该在专业人士的帮助下进行更深入的思考——你的童年对你现在感受快乐的能力产生了怎样的连锁反应，以及它与快感缺乏症有着怎样的联系。

如果我开始放松地享受自己，我似乎就会把自己拉回来。这就像有个坏仙女在我耳边说："现在开心，以后会付出代价的哦!"

——沙欣，25 岁

如果你觉得自己的童年不像你所希望的那样快乐，那么你要做的第一步就是意识到过去那些无形的牵绊是如何牵引着成年后的自己。事实上，这不是一个一蹴而就的过程。把自己想象成一个渺小无助的孩子可能会让你感到痛苦,还可能会让你有好几年的时间在悲伤、愤怒和否认中循环。在治疗师的帮助下,回到过去,重新关爱自己,可能会对你有所帮助。回到你小时候感到孤独、困惑或被拒绝的时候,想象当时的你会给自己一个温暖的拥抱。不要因为童年的一些事情而责怪自己,这些事情并不是你的错。问问自己,你努力打破的模式,如工作狂,与你童年的应对机制可能存在什么关系。如果像我一样认为,工作是感觉自己有价值的方式,那么你可能最终会允许自己去玩乐。

你可能会经历一个为童年悲伤的过程。但这一过程结束时,你会释然。

我们可能必须接受这样一个事实:尽管我们很想,但我们永远无法重塑我们的童年。不过我们可以认识到自己不再是一个被抚养自己长大的大人支配的无能为力的孩子。这听起来可能很简单,事实上,这需要我们向前迈出一大步。

"人们拒绝改变,是因为他们想要重过自己的童年。"《也许你该找个人聊聊》(*Maybe You Should Talk to Someone*)图书作者、"亲爱的治疗师"播客主持人兼心理治疗师洛莉·戈特利布(Lori Gottlieb)说,"他们无意识地在说'除非你用我8岁时想要的方式对待我,否则我不会改变'。但这是不可能的。很多人都在等待他们的父母在他们成年后有所改变。至今他们仍在等待。他们说:'当爸爸或妈妈改变了,我就会感觉好多了,我就能成为我想要成为的大人了。'但事实并非如此。你的伴侣不会为你重塑童年,你的工作不会为你重塑童年。但你可以选择现在的生活方式。你是想作为一个可能在某些方面受困的孩子生活呢，还是作为一个事实上自由的成年人来生活？"

我60岁时才为自己举办过一次生日派对，因为我9岁时就被送去寄宿学校，我不相信会有人来参加派对。毕竟，如果你自己的父母都不想要你，别人又怎么会愿意和你在一起呢？

——亨丽埃塔，68岁

意识到某件事的发生永远是朝着正确方向迈出的第一步。当你下一次感到不适的时候，停下来注意它们，认清它们的来源，并提醒自己现在是安全的。即使你的童年并没有充满欢乐和笑声，也不影响你享受现在的生活。这需要练习，有意识地意识到这种感觉在你身上发生是第一步，也是最重要的一步。当你注意到这种感觉时，要保持好奇心，这样你就可以开始从远处观察它，而不是把它留在你的身体里。当你观察它时，你不会被它压倒。这种感觉没有对错之分。它的出现也不是你的错，把它看成你孩提时代建立的一条通路就好。治疗师艾琳·里昂说："每个人都有能力治愈自己的神经系统。如果你感受到的不只是快乐，那就感受你所有的情绪。你可能必须先渡过悲伤和愤怒，然后习惯于知道如何处理快乐的感觉。诚然，你无法改变童年，但你可以开始了解童年发生了什么。希望和改变的能力总是存在的。"

尽管我很幸运地打破了不幸婚姻的恶性循环，但我注意到，当我和丈夫、孩子们在一起玩乐时，我有一种不舒服的感觉，就像胸腔上部缠满了负面情绪。当我挖掘出这种感觉时，我意识到，我在担心我一旦沉浸在美好的感觉中，就会在某种程度上放松警惕，最后我就得为此付出代价。不知怎的，"我不配拥有快乐"的想法深深地扎根在我的心灵深处，就像一根无法拔出的刺。在接受了一次身心治疗师的治疗后，我才意识到这种不适感就像我的胸腔上部和喉咙里的一个黑疙瘩。现在，我觉得我可以注意到它了，能控制它了，更能让自己回到当下，提醒自己我是安全的。正如治疗师事后告诉我的那样："你理智地知道你有一个关心你的家庭，你能够享受它，只是你的身体还没有接收到这个信息。"

——萨比，45 岁

表达性写作

如果你想更深入地了解阻碍你享受生活的一些感受，可以尝试自由写作。例如，你可以回想一些你觉得幸福不是你的选择的时刻，这样做的目的是将你脑海中的想法记录到纸上，不做自我批评、评判或沉思。把你能想到的内容写下来，你就能发现其中的障碍，然后开始摒弃。如果写得太多，就停下来。改天再试一次，直到你能处理好这段经历。开始时，你可能会感到愤怒或不安，但很快你就会感到如释重负。

认知行为治疗师纳维特·谢克特（Navit Schechter）说："表达性写作可以用来缓解你所经历的压力或解决创伤事件。它可以帮助你处理自己的情绪和经历，让你更容易理解这些情绪和经历，并将它们与其他记忆一起储存起来，以便你能从这些情绪和经历中走出来。对于那些倾向于通过表达自己的感受来管理情绪的人来说，这种方法确实非常有益。如果你想尝试不间断的表达性写作，那么最好找一个安静、放松、不受打扰的地方进行。让自己回想起过去一次紧张或痛苦的经历，当然不一定非得是最痛苦的经历。拿起笔，写下你想到的任何事情。如果不知道从何写起，可以问自己'想到这件事，我现在是什么感觉'，然后继续问自己'发生了什么事让自己有这种感觉'，以及'这件事后来对自己产生了什么影响'。不要担心拼写、语法是否合理。只要自由地、持续地写作，把你的经历都写在纸上就可以。建议连续写3天到5天，每次写15分钟到20分钟。每天可以写相同或不同的经历。当你写完后，一定要花点时间让自己放松一下，然后再继续一天的工作。如果你担心有人会读到你写的东西，从而妨碍你自由、坦率地写作，你可以找一个安全的地方存放这些东西，甚至可以在写完后将它们烧掉。如果回想这些感觉让你产生了极大的痛苦，或者你出现了创伤后应激障碍的任何症状，一定要向朋友、家人或专业人士求助。另外，你可能会发现，卸下内心的记忆和情感负担，会让你感到解放和轻松。"

总而言之，自由写作听着似乎很平常，但研究表明，自由写作有诸多益处，包括有利于身体健康，如改善免疫功能、提高记忆力以及减少焦虑和抑郁症状。

小 结

现在,我想你已经了解了快感缺乏症的部分根源。大脑的进化目的与现代生活方式对它的要求之间出现了分歧。但对于大脑奖励系统的工作原理及其对情绪的影响,以及阻碍奖励系统正常运作的因素(我将在本书的下一部分进行探讨),我们的理解在不断加深,这意味着我们现在有机会解决这种分歧。

WHAT ANHEDONIA MEANS FOR YOU

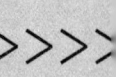

>>>>

第二部分

▼

>>>>>>> 快感缺乏症的影响

◀◀◀ 第 / 一 / 章

让你感觉"无精打采"的生理原因

快感缺乏并不全是心理问题。问问那些深陷快感缺乏的人,他们是什么时候开始注意到这些症状的,许多人会说自己是在一次身体不适之后开始的。有些人是被病毒感染后,如新型冠状病毒;有些人则患有类风湿性关节炎、红斑狼疮等自身免疫性疾病;有些人则是患有莱姆病等寄生虫感染性疾病。一些人说,他们因紧迫的健康问题不得不服用大剂量抗生素,在那不久之后开始出现快感缺乏症状。还有人提到了生活方式疾病,如2型糖尿病和肥胖症。可见,这些疾病引发快感缺乏是有充分理由的。

深入研究引发强烈自身免疫反应和炎症的疾病后,你会发现越来越多的研究结果将快感缺乏列为疾病症状之一。

说到这里,你可能会想:"当自己感觉不在最佳状态,无法享受曾经喜欢的活动时,当然很难享受生活。"但这其中的关联更为特别。

炎症对大脑的奖励系统有针对性的影响。当炎症到达大脑时,它会干扰感觉良好的化学物质的合成以及它们的循环,从而奖励回路中的不同区域不能很好地沟通。炎症会减少感觉良好的神经递质（如血清素和多巴胺）在神经元之间的流动。这是需要我们继续讨论的问题。

当大脑的奖励系统受损时，我们就会失去采取必要步骤来改善健康的动力——无论是锻炼身体，还是吃更有营养、较少引发炎症的食物，我将在本书的后面谈到。这可能意味着我们懒得服用药物或寻求他人的帮助。

换句话说，在我们认识到并解决快感缺乏症之前，我们可能会失去反击的意志。当大脑奖励系统受损成为世界上最普遍的生活方式疾病的一部分时，是时候开始将快感缺乏症视为人们变得更健康的重大障碍了。

就拿肥胖症来说吧。根据世界卫生组织的数据可知，自1975年以来，全球肥胖率增加了两倍。超过19亿成年人超重，6.5亿人肥胖。为了扭转这一趋势，世界各国政府都在开展公共卫生运动，让本国公民积极参加体育锻炼，但结果往往是不了了之。在这些活动中，我们忘记了体内多余的脂肪也会引发炎症——这会对超重和肥胖者改变生活方式所需的奖励回路造成打击。

剑桥大学精神病学家爱德华·布利莫尔（Edward Bullimore）教授在《发炎的大脑》（*The Inflamed Mind*）一书中指出："脂肪组织中约60%的细胞是巨噬细胞，它们是免疫系统的机械警察，也是炎症细胞因子的主要来源之一。体重超重或肥胖的人，身体质量指数较高，血液中细胞因子和C反应蛋白（血液中炎症的标志物）的水平通常高于较瘦的人。"

"与之相关的全球健康流行病——2型糖尿病也存在同样的

恶性循环。糖尿病除了对血管造成损害外，当人体无法调节血糖水平时，还会引发脑部炎症。对2型糖尿病的一些最新研究发现，它与'重度抑郁症的亚型——快感缺乏症之间存在明显关系'。"

一旦我们认识到丧失动力（快感缺乏症的特征）是多种疾病的明显症状，我们就可以开始削弱它的影响力。说出快感缺乏症的名称可以让我们调整心态，从而帮助自己。

分析健康状况

回想一下过去几年。你是否注意到，在生病之后，你的情绪或生活乐趣发生了变化？

当然，这还要考虑你的治疗和药物对你的影响。要知道它们有助于你战胜原发疾病，但快感缺乏可能是患病后的你挥之不去的宿命。例如，一些抗抑郁药物（如SSRIs）可以抑制情感，降低悲伤的强度，但它们也会降低快乐的强度。

慢性疼痛还会干扰奖励系统，这可能是因为压力水平的升高抑制了多巴胺等感觉良好的神经递质的流动。显而易见，当你的身体疼痛时，你很难找到乐趣。你知道自己一直在服用的是哪种止痛药吗？有些止痛药还含有对乙酰氨基酚等成分，这些成分会让情绪变得平淡。如果你发现两者之间可能存在联系，请与给你开处方的专业人士沟通。

另一个可能的诱因是你服用了大量的抗生素。当时的你可能需要通过服用抗生素来克服严重感染。但为了战胜感染，抗生素可能会消灭肠道中一些制造血清素和多巴胺所需的微生物群。而这可能会让这片帮助消化食物的细菌森林失去生态平衡，可能会让你的肠道内壁发炎。改吃能帮助它们恢复生长的食物和补充剂，将有助于让快乐的化学物质重新流动起来。

考虑一下你可能患有的任何慢性疾病。无论是类风湿性关节炎、红斑狼疮、乳糜泻、糖尿病、高血压还是炎症性肠病，这些疾病会导致身体发炎，也会影响你的大脑奖励系统。请向医生咨询改变生活方式的方法（我们将在第三部分讨论其中的一些方法），这有助于减少大脑中的炎症。

无论天气如何，感觉天空都是灰蒙蒙的。结婚20年后，我对我的丈夫没有任何感觉，除了偶尔的烦躁之外。即使是和宠物或孩子们在一起的温馨时刻，也没有让我产生应有的感动。这两年来第一次见到我母亲时，我就知道事情不对劲了。我本以为会泪流满面，但除了觉得见到她感觉"挺好的"之外，我什么也没感觉到。

——露丝，55岁

不断变化的身体和情绪

我们对生活的享受是由化学信使引导的，而这些信使在我们的一生中处于不断变化的状态。我们的生活阶段、性别、饮食和睡眠模式都会影响神经递质和激素的相互作用。要理解为什么你会感觉"无精打采"，了解正常的身体是如何影响它们的变化的也会对你有所帮助。

女性更年期

有一种多任务化学物质非常强大,在女性体内可以帮助睡眠、集中精力、提高性高潮和改善情绪。但从 40 岁左右开始,这个影响荷尔蒙的水龙头就会逐渐关闭,它就是雌激素。

长期以来,我们倾向于认为妇女更年期对身体的主要影响是月经结束和阴道干涩,并伴有一些潮热。

虽然女性早已感觉到雌激素的涨落会在每月的生理周期中影响她们的情绪,但直到 20 世纪 90 年代初,大脑扫描技术才揭示出这种关键激素对女性大脑的影响有多大。

自从我开始进入更年期,我的情绪就变得迟钝了。我很容易生气,几乎不笑。我并不抑郁,但确实感觉自己是在走过场。我的生活就像一团迷雾。

——伊芙,49 岁

雌激素减少的影响

雌激素不仅统治着卵巢,在大脑的许多区域也都有雌激素受体。其中包括奖励回路区域,如杏仁核和海马体。

研究表明,当女性停止排卵并停止分泌雌激素时,会对感觉良好的化学物质——多巴胺和血清素产生连锁反应。

雌激素能刺激多巴胺受体。因此,雌激素水平下降意味着释放到奖励系统中的多巴胺会减少。耶鲁大学的一项研究发现,如果没有雌激素,在产生这种化学信使的主要区域,30% 以上的多巴胺神经元会消失。多巴胺的减少似乎也会影响大脑的快乐中枢伏隔核的工作。

密苏里大学的研究人员在对老鼠的研究中发现，卵巢激素的减少与这种快感中心的变化之间存在联系。此外，研究还发现，在更年期，一种名为单胺氧化酶 A 的酶水平较高。这种酶会分解血清素和多巴胺。这意味着这些让人感觉良好的化学物质循环减少。

你正处于人生的某个阶段，从理论上讲，你已经得到了你想要的工作，你已经和孩子、房子、伴侣和狗一起度过了最初的几年。一切都应该是完美的。但事实并非如此。

——雅基，51 岁

为了弄清雌激素和其他性激素的流失对女性大脑的影响，神经科学家丽莎·莫斯科尼（Lisa Mosconi）教授对 160 多名在 40 岁至 65 岁、即将或已经进入更年期的女性的大脑进行了扫描。她和她的团队观察了她们的大脑结构、大脑血流量和能量使用情况。两年后，他们再次进行了同样的测试，并与同龄男性的大脑扫描结果进行了比较，结果发现女性组在绝经后大脑能量水平下降了 30%。"我们将更年期与卵巢联系在一起。但症状的表现并不是从卵巢开始的。它们始于大脑，"莫斯科尼教授说，"我们在女性身上而没有在男性身上发现的是，大脑发生了很大的变化。雌激素等不仅影响生殖能力，还参与大脑功能。我们的大脑和卵巢是神经内分泌系统的一部分。作为该系统的一部分，雌激素是大脑产生能量的关键。在细胞层面，雌激素实际上推动神经元燃烧葡萄糖来产生能量。"

莫斯科尼教授认为："如果你的雌激素高，你的大脑能量就高。当你的雌激素下降时，你的神经元就会开始减慢并加速衰老。我们应该把大脑看作受更年期影响的东西，至少和卵巢一样。"

虽然这似乎对中年女性非常不利，但好在有很多方法可以解决这个问题。人们对更年期对大脑的影响有了新的认识，这也是激素疗法和其他生活方式的改变成为如此热门话题的原因。很显然，女性希望自己能够继续充分享受生活，而不是忍气吞声或闭口不谈。

当我40多岁的时候，我很惊讶我的丈夫没有和我离婚，因为我不知道该如何感受婚姻生活的乐趣了。我担心自己变老，担心自己容颜不再，失去了30多岁时的自信。我猜是激素作祟，因为我开始对以前不会困扰我的事情感到难以置信的烦躁。我一觉醒来，一睁开眼睛，皮质醇就好像已经在我体内流淌。我知道，我内心的某些东西发生了变化。

——英迪拉，52岁

对情绪至关重要的是，雌激素还能缓解皮质醇（压力激素）的影响。当雌激素开始下降，皮质醇开始占上风时，这就解释了为什么一些更年期的女性会对以前从未困扰过她们的小事感到更加焦虑和恐慌。由于雌激素在帮助大脑的不同区域相互"沟通"方面也很重要，雌激素的下降会让你在本应感到有能力和有知识的时候，感到眩晕、健忘，认为自己很愚蠢。

雌激素也不是唯一的影响因素。其他激素和神经递质也会停止协调工作。孕酮（一种能使人自然平静的激素）、睾酮（一种能给人自信感的激素）和 GABA①（一种能调节情绪的神经递质）的水平也会下降。

此外，催产素水平也在下降，因此你可能会感到更加不耐烦和急躁。催产素是将我们与伴侣和孩子联系在一起的激素，因此，如果催产素水平急剧下降，你会感觉没有以前那么有耐心，这并不奇怪。

催产素还能缓和皮质醇的影响，使"天平"更加倾向于压力激素。

由于这种完美风暴（有些人可能会说是旋风），大多数女性现在会为以前没有影响她们的小事感到烦恼，这一点也不足为奇。更年期失去了这种介质的缓冲作用，就意味着她们从"我能处理好"的心态转变为"这一切感觉有点过了"。

女性更年期研究员兼作家爱丽丝·斯梅利（Alice Smellie）与玛丽拉·弗罗斯特拉普（Mariella Frostrup）合著了《破解更年期》(Cracking the Menopause) 一书，她说："我们早就知道激素会

---

① γ-氨基丁酸，简称 GABA，是一种天然存在的非蛋白质氨基酸，是中枢神经系统中重要的抑制性神经递质，约 50% 的中枢神经突触部位以 GABA 为递质。

特别影响女性在这个时期的情绪,但人们却很少认真讨论这个问题。从历史上看,人们主要是从女性如何疯狂的角度来讨论这个问题的。当然,关于女性经历'变化'后变得暴躁易怒的笑话也一直存在,虽然这一点也不好笑。"

但是,正如爱丽丝指出的那样,我们的大脑和身体的化学变化并不有趣。"我们全身都有雌激素受体,包括我们的大脑。现在人们已经认识到,大脑在更年期会发生变化。人们在更年期会出现50多种症状,包括情绪变化,如烦躁、易怒、感觉不是自己,以及'脑雾[①]'。妇女通常在围绝经期[②]出现明显的情绪变化——感到焦虑、紧张或无缘无故的情绪低落。很难确定有多少妇女在这一时期受到情绪变化的影响。官方估计约为四分之一,但根据我的个人经验,这个数字可能会更高。不要忘了,围绝经期和更年期也是人们面临许多其他生活压力的时期,如繁忙的事业、照顾年迈的父母和青少年。在采访了数百位女性后,我们发现,由于缺乏更年期方面的知识和教育,女性没有意识到她们的情绪低落可能与激素有关。焦虑几乎是每个妇女都会提到的症状。"

在更年期,我觉得自己很"无趣"。为了熬过更年期,我假

[①] 大脑难以形成清晰思维和记忆的现象,就像大脑中笼罩着一层朦胧的迷雾。
[②] 指妇女绝经前后的一段时期(从45岁左右开始至停经后12个月内的时期)。

装自己是个机器人。没人知道我在想什么!

——梅兰妮,50 岁

家庭负担过重

更年期的这些变化又因妇女经常感到被许多不同的事牵绊而变得更加复杂。在英国,参加工作的女性人数已超过 75%,创下历史新高。为人母不久,她们就会在工作、育儿或上学之间疲于奔命,以至于皮质醇在这期间分泌过多。

孩子们小的时候,我很喜欢当妈妈。但随着他们长大,我也长大了,我发现自己对他们无休止的要求和以自我为中心的诉求感到烦恼。老实说,有好几次我都迫不及待地想让他们离开家,这样我就可以重新享受我的生活了。

——卡伦,55 岁

正如律师伊芙·罗德斯基(Eve Rodsky)在《公平竞争》(*Fair Play*)一书中所指出的:"女性应该像没有孩子一样工作,像不工作一样为人父母。男人的时间被视为钻石,显得十分稀有;女人的时间被视为沙子,被认为是无限的。女性不希望为了完成工作而不断进行微观管理,以及成为计划者,要求家庭中的其他人做他们本该做的事情。"

心理治疗师南希·科利尔(Nancy Colier)介绍说,在治疗室里,最常让女性流泪的问题是:"谁在照顾你?""流泪过后,得到的回答通常是一句'没有人'。"《情感枯竭的女人》(The Emotionally Exhausted Woman)一书的作者南希说:"我们终其一生都在照顾所有人的需求,扮演着世界守护者的角色,做一个好女孩,努力自我提升,但这往往是以我们自己的需求得不到满足为代价的。"

> 有时候,我觉得自己负担过重,只想悄悄地消失在一阵烟雾中。
> ——宝拉,52岁

育儿交流社区 Mumsnet 上有一个帖子:"我就想收拾行李滚蛋,让大家自生自灭,这样做不合理吗?"她这句话道出了许多女性的心声,她们不堪重负,无法享受自己的生活——她们幻想着摆脱各种要求。一时间,"我可能也会这么做""可以让我加入吗,我会带蛋糕来""我们可以像电影《末路狂花》(Thelma and Louise)里那样,沿着海岸线一路旅行"等回复蜂拥而至,可见这则消息深深触动了人们的神经。正如一位母亲所总结的那样:"我希望有人能等待我的改变,关心我的需求,而不是质疑我的一举一动。"但最简洁的评论也许是:"我在谷歌上搜索了我的症状,我只想让所有人都滚蛋。"

我不停地告诉自己,我必须让所有的盘子都转起来。作为一个努力维持收入的职业母亲,我告诉自己我可以继续坚持下去。我觉得我别无选择。最后,我的大脑就像是为了节省体力而"罢工"了。有些日子结束时,我几乎无法与丈夫交谈,因为我感觉压力太大,更不用说与他谈笑风生了。我的大脑就像为了节省能量而关闭了一样。

——艾莉森,49岁

情绪减震器的压力

尽管工作负担加重,女性仍然是家庭中的情感减震器。如果再加上激素的变化,中年女性的生活肯定会失去光芒。这也是导致她们情绪低落的一个重要原因。

随着孩子们年龄增长,进入青少年时期,家庭对女性的消耗并没有消失。如果非得说有什么问题的话,那就是孩子越大,问题就越多,尤其是越来越多的年轻人出现心理健康问题。在英国,最常见的生育年龄是 30 岁出头。这意味着许多女性在养育孩子的过程中很快就会开始经历围绝经期会发生的激素波动。当她们的孩子进入青春期时,她们更有可能进入更年期——而这时候养育青少年比以往任何时候都要困难。智能手机削弱了父母的权威,让年轻人更难上床睡觉,早上又起不来,也变得更加易怒。此外,研究表明,为青少年设定限制的任务已经更多地落到了母亲身上,而不是父亲身上,而且青少年,尤其是女孩,往往更容易与母亲对立。

有人说,只有最悲伤的孩子才会最快乐。现在我们的孩子变得如此抑郁,我们做父母的也无法享受我们的生活。就好像现在的青少年希望你和他们一起受苦，把所有的痛苦都给到你。

——艾米丽，53岁

很多时候，我们掉进了生活的陷阱。我们要成为孩子们的管家和助理，而不是让他们自己安排自己的生活。当雌激素和孕激素停止缓冲皮质醇的作用时，孩子们在寻求独立的过程中不可避免地会出现粗鲁无礼和以自我为中心的行为，这让我们更加难以承受。

请记住，孩子青少年时期的成长问题，也可能会对你与伴侣的关系产生影响。这个阶段你更容易因为生活感到疲惫或感觉被生活围困，很少有时间留给自己，更不用说留给伴侣了。

激素的变化，以及环境因素的影响，或许可以解释为什么处于这个特殊阶段的女性特别容易患上快感缺乏症。正如女权主义作家苏西·奥巴赫（Susie Orbach）所指出的那样："更年期的到来就像一枚寻找到我们弱点的制导导弹，我们需要动用所有力量才能对抗它，并应对日常生活。"

自由健康诊所（Liberty Health Clinics）的全科医生兼更年期专家费尔哈特·乌丁（Ferhat Uddin）博士说："经常有女性告诉我，她们对生活失去了热情，但又说不清楚。她们知道自己应该快乐，因为生活中的一切都已经安排好了。然而，她们就是不再享受生活，也感受不到快乐了。许多人为此会责怪自己，却不知道这其中有生理原因。很多女性在围绝经期都会出现情绪低落、焦虑等心理症状，全科医生会给她们开很多抗抑郁药。但这通常只会让她们更加麻木，不能从根本上解决问题，更不能让她们感觉良好。她们并没有感到抑郁或有自杀倾向。她们感觉不到快乐，唯有'无精打采'。她们的反应与其他阶段不一样，性欲和性高潮也会减弱。

"人到中年，生活往往会发生一些重大变化。女性可能要面对年长的孩子离开家庭，以及年迈的父母的离开。除了激素的变化之外，中年人还有很多事情需要处理，因此他们极容易有倦怠感。虽然每个人的倦怠阈值都不一样，但如果你的激素正处于混乱，而你又继续做着你已经在做的101件事，那么倦怠可能会来得更早，而不是更晚。"

对我来说，最可怕的事情是，当我十几岁的孩子与我分享他们的问题时，我却无法共情他们。我会倾听，但我无法感同身受。我当时想："我算哪门子父母？"

——贝琪，54岁

好在有办法通过激素替代疗法以及改变生活方式和饮食来补充失去的激素。随着时间的推移，女性的大脑也会重新发生变化。乌丁博士说："研究表明，女性的大脑至少可以部分补偿雌激素减少带来的影响，例如增加血流量和细胞主要能量来源三磷酸腺苷（ATP）分子的生成。因此，大脑似乎有能力在那之后找到新的正常状态。"

乌丁博士说，无论你如何度过人生的这段时期，女性都不应该认为快乐是中年不可避免的牺牲品。她说："我们的目标应该是让女性恢复到她感觉最好的时候的状态。人生苦短，不能让自己活得像现在这样。"

2015 年，我准备去纽约度过一个假期。我们有五个人要去，我本该兴奋不已。我们计划乘坐豪华轿车往返机场，在无线电城音乐厅前排就座，乘坐直升机，在城外的零售店疯狂消费，连夜前往华盛顿。然而，就在几周前的一个晚上，当我们聚在一起时，我向我最好的朋友吐露心声说，我很难感到兴奋或期待。事实上，当我回顾自己的生活时，已经意识到这种情况持续了一段时间。我很享受当下的生活，但无论何时，我都不会感到期待。我妈妈被诊断出患有癌症，所以我把这归结为癌症。2016 年她去世后，我又觉得自己是在按部就班地生活。一切都很好，但即使是计划去多伦多、纽约和新斯科舍省旅行，对我来说也只是一个项目而已，它们并不能让我产生"兴奋得睡不着觉"的时刻。

——莎拉，49 岁

身体的变化

妇女感到无法享受更年期阶段生活的另一个原因是她们感知身体变化的自我意识的觉醒。女性在更年期前后往往会不受控制地增加体重，这会让她们感到自责，并觉得自己已经过了最佳状态。更糟糕的是，研究发现激素的变化会降低女性锻炼的积极性，从而使问题变得更加复杂。

与此同时，女性面临着越来越大的社会压力，她们要与年龄增长带来的自然生理变化做斗争。过去，我们的母亲和祖母到了可领退休金的年龄就坦然地放弃追求美丽，而如今，五六十岁的人还在为身体形象焦虑、过度关注外表缺陷以及饮食失调等问题。

在我二三十岁的时候，我对自己的外貌很自信。进入更年期后，我感觉自己的身体似乎不受我的控制，特别是我的腹部开始发胖。我无法参加社交活动，因为我担心有人会拍下我的照片放到社交媒体上。我也不想再和我的伴侣亲密接触了，因为我对自己的身体感到羞愧。

——卡拉，52 岁

心理健康基金会称，随着年龄的增长，许多女性感觉与自己的身体脱节，因为她们的外表不再符合她们对自己的印象。虽然她们并不觉得自己老了，但却不得不面对别人对她们的看法。总之，她们觉得自己永远无法平静地接受自己变老。

英国国家饮食失调中心（National Centre for Eating Disorders）创始人、心理学家迪安妮·杰德（Deanne Jade）认为，女性对外貌的不安全感，部分原因是过去的确定性（如终身婚姻）不再那么可靠。迪安妮补充说，这种忧虑会传染，并被整容业利用。"如果你看到别人做了抗衰老手术，就会自动产生一种焦虑，认为自己也应该做抗衰老手术。"

当然，随着人口寿命的延长和健康状况的改善，老年妇女不可避免地希望拥有与她们积极生活相匹配的外表。但迪安妮认为,当外貌不再是短暂的烦恼,而是主要的关注点时,就会影响女性对生活的享受。她说:"对生活中所有美好的事物——有目标、有爱好、有良好的人际关系——心存感激,这些事物都会在一定程度上保护我们免受不良身体形象的影响。我们不要把年龄增长看作容颜衰老的标记,而是要思考我们在智慧方面积累了什么。"

心理学家辛西娅·布利克(Cynthia Bulik)博士是北卡罗来纳大学饮食失调学教授,也是《镜中的女人:如何不再混淆你的形象和身份》(The Woman in the Mirror: How to Stop Confusing What You Look Like with Who You Are)一书的作者。她认为,身体形象已经成为一个从摇篮到坟墓的问题。她遇到过一些70多岁的妇女,她们仍然在意这种烦恼,即使在化疗期,她们甚至认为化疗是抑制食欲、减轻体重的一种方法。其中包括一位76岁的癌症晚期妇女,她的体重只有32公斤多一点,她告诉家人要确保自己在棺材里看起来不会胖。"在我们的研究中,我们从老年妇女那里听到的最常见的抱怨是:'我的腰围怎么回事?'"布利克博士说,"但到了更年期,我们的身体会按照自然规律改变。女性们会问自己:'我怎么了?'其实随着时间的推移,我们的体形发生变化是完全正常的。"布里斯托西英格兰大学外貌研究中心也得出了同样的结论,该中心发现80多岁的妇女仍然因为自己的外貌而自卑。

当我失去年轻时的身材时,我觉得自己变老了。如果我想做一些傻事或有趣的事，我的脑海里就会出现一个唠叨的声音："你会看起来很可笑。你太老了，不适合做这些。"

——丽贝卡，55 岁

社会变革

从什么时候开始，女性开始对变老的自然过程变得如此焦虑呢？我们又该如何阻止这种担忧不断地影响我们，让我们感到自责，阻碍我们感受快乐呢？

布利克教授认为，在过去的 20 年里，由于社会变革，女性对自己晚年容貌的期望发生了深刻变化。她说："我们中的许多人都会记得自己有一个丰满的祖母，她似乎对自己的身体（至少在外表上）很满意。更重要的可能是，她在家庭中扮演着厨师、面包师和保姆的角色。她对家庭有一种归属感和关联感。"

根据布利克博士的说法可知，这种传统角色的丧失意味着许多老年妇女与家庭失去联系，而市场营销专家已将她们确定为抗衰老活动的主要目标。她补充说："现代的祖母应该是苗条健美的——只要她不露出过多的乳沟、裸露的手臂或脖子就可以了。"

布利克博士说，尽管衰老可能会让人感到痛苦，但现在是时候从"永葆青春"的神话中醒来了。"一旦衰老的列车启动，你根本无法让它停下。当然，我们有一些 70 多岁的名人在照片中看起来就像 30 多岁一样。但只要你近距离观察，那些经过软件处理的皮肤、明媚的灯光和浓妆艳抹都不复存在了。"她建议老年妇女自问，"身体形象在我们的自尊中所占的比例是多少？如果它占了

80%或90%，那么我们就应该找到一些其他的方法，让身体和内心拥有平衡，这样才能安心享受晚年生活了。"

好消息是，经过这种转变，迪安妮相信许多女性可以期待比以往更加享受自己的生活。

"我们对自己的感觉总是在期望与现实之间徘徊。更年期过后，我认为女性会把注意力从外表转移到其他有价值的东西上，如她们与爱人的关系，孩子为人父母的境况。我们的孙辈不会在意我们的外表，这也有助于让我们不再关注外表，而更多地关注内心的蓬勃发展。"

男性更年期

当我们比以往任何时候都更多地谈论更年期对女性享受生活能力的影响时，我们往往忘记了男性也在经历激素的变化，而这种变化也会产生类似的影响。人到中年，对男性的要求也可能是压倒性的——他们面临着经济收入的不确定和生活变故的冲击，但得到的同情和支持却往往较少。如果他们已为人父，那么他们也同样要为子女的幸福和心理健康操心。此外，研究还表明，男性更不善于寻求帮助。

女性到了更年期，卵巢就不再分泌雌激素。女性更年期的激素变化更受人关注。随着年龄的增长，男性的脑垂体向睾丸发出的产生睾酮的信号会减少，这可能会导致男性更年期出现相应的症状。睾酮的下降是渐进式的，30岁以后每年下降约1%（肥胖、高血压和心脏病等健康问题会加速睾酮的下降）。人们常常忽略的是，这种衰退会让男性感到"无精打采"、大脑迷糊，并对过去喜欢的活动失去兴趣。他们还可能因此变得更加紧张和易怒。就像雌激素能缓解女性的压力一样，睾酮对男性也有同样的作用。例如，在对啮齿动物的研究中发现，中年雄鼠比年轻雄鼠更容易受到慢性压力的影响——研究人员将这种影响归因于睾酮及其抗抑郁作用的丧失。这些中年老鼠更容易患上快感缺乏症，可能是因为睾酮水平的下降也与大脑奖励系统的一部分——纹状体的激活下降有关。人类研究发现，45岁以上患有抑郁症的男性体内睾酮水平较低。但目前还不清楚是睾酮水平较低还是情绪低落先导致抑郁症，因为抑郁症和睾酮水平较低是双向作用的。

检查睾酮水平

通过血液化验去检查睾酮很容易，但难点在于解读结果。男性的睾酮水平在一天之内就会发生很大变化，更不用说一周或一个月了。由于男性在寻求帮助之前一般不会检测睾酮水平，基线可能会有所不同，因此很难确定其正常值。但是，如果你有不明原因的情绪波动或记忆力减退，请检查睾酮是否降低。

最先注意到这一点的是我的妻子。在我50岁出头的时候，她指出我正在变成一个众所周知的脾气暴躁的老顽固。我明白她的意思。我对任何事情都很焦虑，所以我变得脾气暴躁、易怒。另外，我通过喝酒来进行自我治疗。我妻子建议我去做韦尔曼检查和睾丸激素检查。说实话，我对此略有反感，因为我觉得我的男子气概受到了质疑。最后,我在一家私人诊所做了血液化验,以确定我的睾丸激素水平和应需要的剂量。但当我服用了正确的剂量后,我开始恢复积极的心态和自信感。要取得平衡并不容易,但我想对其他受到不明原因的情绪低落困扰的男性说,这是一个值得检查的可能因素。

——丹尼尔,58 岁

甲状腺问题

到目前为止,你可能会觉得多巴胺、催产素、雌激素、睾酮和血清素是让你觉得快乐的全部因素,但是你要知道甲状腺激素在产生"无精打采"的感觉中起着关键作用。在甲状腺停止工作之前,我们很少会想到它。

大多数时候,这个位于颈部底部的蝴蝶状小器官都在默默地工作,输出人体所需的激素来调节新陈代谢。

随着时间的推移,由于某些原因,甲状腺可能会停止有效工作。持续的压力会导致皮质醇增加,进而会抑制甲状腺激素的释放。

当甲状腺停止分泌足够的激素时,对心理健康的影响往往被误认为是情绪低落。据估计,20% 的重度抑郁症是未确诊的甲状腺功能减退症。那么,为什么甲状腺会对我们的感觉产生如此大的影响,它又是如何导致快感缺乏的呢?

即使在我本该享受美好时光的时候,我也不会和朋友出去玩。我感觉自己被困在一个玻璃盒子里。一觉醒来，我不知道该如何面对新的一天。我开始自暴自弃，认为自己就是那种注定生活艰难的人。经过大量的血液检查，我被确诊为甲状腺功能减退。在治疗之后，我重新开始对生活充满期待。在我感觉麻木了很久之后，我仿佛又醒了过来。

——罗娜，51 岁

甲状腺与快感缺乏

甲状腺分泌的激素——三碘甲状腺原氨酸（T3）和甲状腺素（T4）与大脑的下丘脑和脑垂体形成反馈回路，有助于控制能量水平和新陈代谢。它们对神经元的发育和维持至关重要。它们会帮助脑细胞再生，并影响线粒体（细胞的动力室），减缓其能量输出。甲状腺激素之一的 T3 还能提高大脑中的血清素水平，这对平衡情绪非常重要。

如果甲状腺不再制造那么多这种让人感觉良好的激素，它就会抑制激素的活性以及 GABA 的作用。我们知道，GABA 有助于缓解大脑中的焦虑情绪。起初，你的身体会让甲状腺分泌更多的激素来弥补激素水平的下降，而你的情绪会逐渐消极，你也更容易受到压力的影响。

由于甲状腺问题通常出现在四五十岁的人群中，而且更多发生在女性身上，因此，人们通常认为这是更年期或由生活压力过大所致。多达一半的甲状腺患者不知道自己有甲状腺问题，因为这些症状非常常见，而且很容易被忽视。事实上，甲状腺问题非常普遍。据统计，每五名60岁以上的女性中就有一人（约为男性的10倍）患有某种甲状腺功能障碍，并因此而难以享受生活。然而，甲状腺问题平均需要七年才能诊断出来。

如果你有持续的不明原因的情绪低落，同时还伴有其他症状，如体重急剧增加或减少、对冷热温度更加敏感、头发和皮肤发生明显变化，那么可以考虑进行血液检测，看看你的甲状腺激素输出是否随着时间的推移发生了变化。否则，要想更多地享受生活，就会像推着一块巨石上山一样，因为你的大脑正在与你作对。

好消息是，一旦确诊为甲状腺功能减退，可以用药物来治疗，如左甲状腺素片——一种人工合成的药物，可以弥补甲状腺激素的不足。全科医生费尔哈特·乌丁博士说："甲状腺问题属于精神病学和内分泌学的中间地带，因此常常会在两者之间迷失方向。但是，如果你便秘，如果你感到寒冷，如果你时常精神不振，那么甲状腺肯定是需要检测的项目之一。因为甲状腺对情绪的影响往往会被忽略。"

食物与情绪的联系：肠—脑轴

现在越来越多的研究表明，我们的情绪受一个不太被注意的部位——肠道影响。长期以来，我们对消化道的了解并不多（主要是因为肠道细菌无法在实验室条件下培养）。这条从食道延伸到肠道的约9米长的管道却被证明是一个对我们的感觉起着关键作用的器官。这是因为它包含了我们的第二个"大脑"。

这个"大脑"并不是在我们的头骨里像果冻一样的器官，而是有一亿个神经元稀疏地分布在我们的体表。虽然神经元的数量比我们头骨中的大脑要少得多，而且我们的肠道"大脑"也不会进行任何哲学思考，但它却控制着一些反应，如感觉不舒服或在压力环境下感觉紧张。这意味着"忐忑不安""第六感"等说法都是有生物学基础的。

这虽然听起来很奇怪，但从进化的角度来看，肠—脑轴是完全合理的。我们需要消化道中的一些"智能"神经元来接收有关我们摄入体内的食物的信息。如果我们的祖先在觅食时吃了有毒的蘑菇，肠道就需要向大脑发送信息，告诉我们不要再吃同一种东西。（这也许可以解释，为什么我在 8 岁时吃了河蚌后大病了一场，在接下来的 20 年里，连河蚌的味道都会让我作呕。威士忌让我在青少年时期第一次严重宿醉，现在威士忌也总让我产生醉意）毕竟，肠道是我们处理从外界摄入的食物的地方，也是我们将这些燃料转化为"自身能量"的地方。

我当时感觉"无精打采"，缺乏活力，想看看我的饮食是否与此有关。我不能说我非常喜欢在家里将粪便与化学物质混合，然后送到实验室进行微生物组检测。检测结果让我对自己体内的情况有了全新的认识。我简直不敢相信我体内有这么多不同类型的细菌，它们都做了些什么。现在，我吃东西不仅仅是为了自己。我吃更多的纤维、更少的糖、更少的加工食品，以帮助那些忙着制造让我感觉良好的化学物质的小家伙。这是我至少能做到的。

——玛雅，34 岁

重要的生态系统

肠道中发生的一切对我们的情绪有着至关重要的影响。在你的消化道这个黑暗的世界里，有多达 1000 种微生物，它们主要是细菌、真菌和病毒。它们从你出生起就在你的身体里定居。我们从小就认为它们对我们都是有害的，会引发胃部不适。事实上，它们绝大多数都是有益的，而且对情绪起着关键作用。

当你从产道出来的那一刻起，你就开始建立这个重要的生态系统，你呼吸并摄入了母亲阴道中大量的细菌。当然，前提是你不是剖宫产出生的。

随着年龄的增长，你会从周围的世界中，比如玩耍的花园、养的宠物以及享用的食物中，"收集"到更多的访客。到你上学的时候，你已经收集了大约 100 万亿个蠕动的访客，这些访客加在一起有 1 千克到 1.5 千克重，数量是你自己细胞的 10 倍左右。

人体内有一个类似丛林规模的微生物群，里面的微生物在争相生存，这并不是一个奇怪的事实。现在人们发现，这些肠道细菌发挥着至关重要的作用，它们将我们吃下的食物转化成让人感觉良好的化学物质，从而让我们享受生活。我们约有 95% 的血清素是在肠道中产生的。它们有些是由肠道细菌制造的，有些是由肠道内壁细胞制造的。肠道也不仅仅是血清素的工厂，我们的老朋友多巴胺有多达 50% 也是在这里制造的，另一种有助于平息焦虑的神经递质 GABA 也是如此。

良好的微生物群会保护肠壁，阻止毒素通过肠壁引起免疫系统反应。反之，这会引起身体其他部位的炎症，从而影响大脑并导致抑郁。

肠道中的所有活动都通过迷走神经（或称"游走"神经）传达给大脑。迷走神经从大脑底部一直延伸到脊髓，最后到达肠道。它可以到达人体的大部分器官，并将肠胃与神经系统连接起来，从而将信号传回大脑。这条神经系统的主要通道可以让大脑和身体的其他部分进行持续的双向交流。简言之，你吃的东西不仅能填饱肚子，还影响着你的情绪。

现代饮食对肠道菌群的破坏

现代饮食和生活方式通过各种手段妨碍你的微生物群保持良好的感觉。肠道微生物群要发挥其最佳功能，就需要各种食物，尤其是膳食纤维。然后，它将这些食物分解成制造神经递质（如血清素）所需的有益分子。然而，随着时间的推移，我们的饮食已经被过度加工。

不仅如此，我们75%的食物仅来自12种植物和5种动物。在英国，人们平均每天只摄入18克膳食纤维，是推荐摄入量30克的60%。此外，含有精制面粉、廉价油脂、糖和淀粉的大量加工食品目前占英国人所吃食物的50%，占美国人所吃食物的70%。为了延长食品保质期，这些食品往往添加有乳化剂等化学物质。在肠道内，这些化学物质会破坏肠道黏液层，杀死有益微生物，加速有害微生物的生长。减肥饮料中的人工甜味剂，以及为使食品看起来更有卖相而添加的色素，似乎也会对肠道菌群产生破坏作用，并会消灭一些益生菌。

高脂肪和高糖食物似乎也会使肠壁多孔的状态加重。这意味着毒素和未消化的食物颗粒可以通过肠壁进入血液，引起组织炎症。此外，抗生素会对微生物群产生灾难性的影响，它会消灭大量有益细菌。这些抗生素是医生为治疗胸部感染或痤疮而开出的处方；在工业化养殖中，这些抗生素被用在动物身上，帮助它们抵抗疾病；在世界上的某些地方，这些抗生素还能让动物长得更快。这些抗生素通过肉类传递给人类，会杀死有益菌种，让其他菌种的生长失控，从而破坏肠道的微生态。

在当今社会，人们时常感到焦虑。许多研究发现，焦虑会破坏乳酸杆菌和双歧杆菌等有益菌群的生长，而这些有益菌群有助于分泌令人感觉良好的多巴胺和血清素，还能抑制肠道炎症。正如你将在下文中发现的那样，越来越多的人认为肠道炎症会对心理健康产生不利影响。

炎　症

如果你一直处于"无精打采"的状态，不妨考虑一下你的饮食中是否含有大量会引起炎症的东西，尤其是糖、饱和脂肪和防腐剂。这些东西会破坏肠道细菌的平衡，使你的肠道内壁更加疏松，甚至它们能进入血液，引发人体免疫反应，并可能影响大脑。

伦敦国王学院生物精神病学教授卡迈恩·帕里安特（Carmine Pariante）在过去20年里一直在研究使用抗炎药物治疗抑郁症。他说，大脑的奖励系统似乎对身体其他部位的炎症特别敏感，"例如，三分之一的重度抑郁症患者血液中的炎症标志物数值较高。

这种炎症数值较高的抑郁症患者也更容易出现身体亚健康症状，如疲劳、睡眠紊乱以及快感缺乏。这虽然在核磁共振成像上看不出来，但我们能够知道细胞因子的化学释放似乎改变了那里神经元的功能，减少了奖励区的活动"。

事实上，美国埃默里大学的研究人员在詹妮弗·费尔杰（Jennifer Felger）教授的带领下进行的一系列研究发现，在炎症加重的抑郁症患者大脑中，奖励系统的区域——腹侧纹状体和腹侧前额叶皮层并不能很好地沟通。她说："我们希望这项工作能为出现症状的高炎症患者带来新的治疗方法。"

睡 眠

我们生活在一个围绕太阳旋转的星球上，我们日出而作，日落而息。

从激素释放到肠胃消化，一切都随着这些日常节奏而运行。

1879年，托马斯·爱迪生（Thomas Edison）发明了灯泡。

既然人类可以昼夜不停地工作，爱迪生本人也鼓励"不睡觉的人才能出人头地"的想法。（他自豪地宣称，他自己每天的睡眠时间从未超过4个小时，他对员工的要求也是如此。）

他不是唯一一个这么想的人。减少睡眠成了生产力的代名词。在接下来的一个世纪里，政治家和商界领袖都在吹嘘自己是"睡眠精英"，尽管只有极少数人的基因突变能让他们坚持每晚只睡上四五个小时。

每当我们试图与生物学做斗争时，我们总是失败，这是自然法则。直到近些年，我们才了解到，为什么一天中有多达三分之一的时间处于无意识状态并不是在浪费时间。研究发现，每天睡7个小时是让大脑在第二天保持最佳状态的最佳睡眠时间，不过睡眠专家建议将睡眠时间控制在7~9个小时。

如果你曾经有过不得不靠几个小时的睡眠来勉强度日，那么你就已经知道这会让你感觉多么糟糕。你的睡眠质量决定了你未来一天的心情。

既然大脑一直在工作，那么当它得不到所需的休息时间时，为什么还要如此惩罚我们呢？有几个令人信服的理由……

> 当我没能得到所需的睡眠时，我会立刻从情绪上察觉到这一点。就好像整个世界都变成了灰色，我的注意力也变得越来越涣散。我的声音变得低迷，也不爱笑了。我变得易怒，吃更多的垃圾食品，对自己发火——感觉只要有一点差错，我就会彻底崩溃。
>
> ——阿姆里塔，40岁

当我们睡觉时会发生什么

在睡眠过程中，我们会恢复维持情绪所需的血清素水平，这会对其他激素和神经递质的微妙平衡产生影响。睡眠不足似乎还会破坏多巴胺系统的稳定，进而破坏大脑的奖励系统。精神科医生诺拉·沃尔科（Nora Volkow）发现，在一个不眠之夜后，大脑的两个结构——纹状体和丘脑会释放出更多的多巴胺。前者与动机、奖励有关，后者与警觉性有关。但这是一个糟糕的解决方案。她发现,睡眠不足的人的神经元可以释放多巴胺,但不能接收多巴胺。毫不奇怪,这会阻止多巴胺的自由流动并进而影响情绪。

此外,睡眠也是大脑进行深度清洁的时候。每晚,它都会用一拨拨的脊髓液冲洗脑细胞白天活动所留下的废物。

这也是免疫系统释放抗感染细胞因子的时候。这或许有助于解释为什么睡眠过少与高炎症性有关,而高炎症性又与抑郁症有关。

睡眠不足也会破坏大脑的情绪调节控制机制——前额叶皮层,从而使威胁检测系统的重要组成部分——杏仁核成为主管。研究发现,向两组志愿者依次展示100幅从中性到令人震惊的图片时,睡眠不足一组的志愿者,其杏仁核的反应性要高出另一组的60%。

研究还发现,疲惫的人对负面压力的情绪反应更大,因此更容易情绪低落。睡眠科学家凯特·莱德勒(Kat Lederle)博士说:"这意味着前额叶皮层控制和调节杏仁核活动的能力减弱。这有点像父母不在身边,孩子可以为所欲为。"

睡眠不足也会让人开始走下坡路。牛津大学昼夜节律神经科学教授罗素·福斯特(Russell Foster)说:"如果睡眠不足,我们就无法处理前一天的一些信息。因此,第二天我们的思维处理速度会减慢,情绪也会变得平淡。睡眠不足的人还容易记住消极的经历,忘记积极的经历。因此,睡眠不足会导致你的整个世界观变得有偏差,你的决策也会因此受到影响。"

季节性情绪失调

在冬季，你是否会感觉更加"无精打采"？如果是这样，那么你应该问自己是否晒到了足够的太阳。不久前，我们的祖先哪怕在寒冷的冬天，大部分白天时间也都在户外活动，暴露在自然光下。因为他们大部分时间都要寻找食物。这种明暗循环引导着我们的体内时钟。这个生物钟，也被称为"视交叉上核"（SCN），它是由下丘脑中约5万个特殊神经细胞组成的细胞群。这一小型结构调节着许多生理现象的发生，如体温的升降和激素的释放。

清晨，当自然光照射到眼球后部时，信号会沿着视神经传导，进入靠近视神经在眼球后部交叉处的视交叉上核，然后再进入大脑深处。视交叉上核利用这些信息来确定皮质醇和肾上腺素等激素的释放。要知道，皮质醇和肾上腺素能加速身体的活跃度，在早晨唤醒我们，而褪黑素则能减缓身体的活跃度，在晚上让我们入睡。

在一天的时间里，这个主时钟会尽量让身体的运行与一天的昼夜周期相吻合，也就是让身体运行保持昼夜节律。

罗素·福斯特教授说："如果没有这种与环境的同步，我们的生物学将陷入混乱。视交叉上核就像一个繁忙机场的控制塔，必须在白天和黑夜协调许多不同飞机的到达和起飞。它不断向身体的不同部位发送信息，以协调其有规律的时间表。"

再过几千年，现代人平均约有90%的时间是在室内度过的——不是在建筑物内就是在车内，因此，我们可能会迷失方向。即使在夏天，我们接触阳光的时间可能也比我们的祖先在冬季接触阳光的时间要少。

当白天变短、夜晚变长时,我们的身体时钟就会被打乱,从而降低血清素等令人感觉良好的激素水平。

季节性情绪失调的一个迹象是你在白昼里有明显的情绪变化或早晨抑郁。这意味着你早上的情绪最低,而随着日照的增加,你会逐渐振作起来。要想知道自己的情绪是否受到光线的影响,可以记录下自己的情绪随季节或白昼中日照变化而变化的情况。

好消息是,如果缺乏阳光导致快感缺乏,那么我们可以用一盏模拟全光谱自然阳光的灯来解决。凯特·莱德勒博士说:"买一个灯箱,坚持规律的睡眠时间。确保每天都有户外活动的时间,最好是在早晨光照最强的时候进行户外活动。"

冬天来临时,我只想待在羽绒被里,不想出来。派对、社交活动,甚至圣诞节,对我来说都没有任何吸引力。我的季节性情绪失调始于大学时期,当时我发现自己很难起床听课,只能待在房间里。现在我认识到了这种模式,以及随着白天越来越短,我的精力是如何消退的。好在现在的我能预见到它的到来,否则我就会变成《小熊维尼》(Winnie the pooh)里的屹耳。在我失去做任何事情的动力之前,无论天气如何,我会采取措施多晒太阳,多到户外活动。我还会在秋天和冬天给自己放假,这样我就能在这里天黑的时候在别处晒晒太阳。

——阿伊莎,33岁

成　瘾

你的多巴胺回路可能在某种程度上超载了，因此再也没有什么能给你带来快感。中边缘通路是大脑处理愉悦、陶醉和奖励体验的地方。任何类型的过度刺激都会不断释放多巴胺，该系统一旦耗竭，就会导致快感缺乏症——从任何事情中获得快乐都变得更加困难。

成瘾，一直是一个颇具争议的词，通常指向毒品和酒精等化学物质。但如今，在看到现代生活中的某些习惯（如看色情片、玩电子游戏）对大脑奖励通路的滥用以及对现实生活的妨碍后，研究人员使用该词的频率似乎越来越高。一段时间后，大脑习惯了当下的刺激，需要更频繁地利用更大剂量的刺激才能再度获得相同的快感。"从本质上讲，这是一种自由落体式的多巴胺释放，它不仅不会让多巴胺释放恢复到基础水平，而且会令其下降到基础水平以下。"专门研究成瘾问题的精神病学家安娜·伦布克教授说。当你的瘾不再像以前那样给你带来快感时，新的问题就来了，你会更难获得愉悦感。

◀◀◀ 第 / 二 / 章

大脑里的多巴胺：与期待有关的因子

快乐，是我们用来形容欣喜、放松、自在等一系列感觉的专有名词。我们常常希望获得快乐的感受。感觉"无精打采"或处于快感缺乏的状态，更像是一种情感缺失或者情绪低落，这种状态很难解释和理解。我们可能会因此陷入困境。

长久以来，我们一直找不到快感缺乏症的成因。大脑是唯一一个试图自己解决问题的器官，但它几乎不透露任何信息。从外形看，它就像一个神秘莫测的灰色果冻团。大脑在头骨这个黑盒子中接收五感[①]传来的信息，却很少展示它如何将感官输入的信息转化为情绪。弄清楚感觉的来源，有助于了解情绪是在大脑何处产生并发生作用的。

大脑的作用

民主制度、宜居的气候、充足的食物和有益的思辨运动，这些条件使希腊人最早开始思考情感的来源。起初，在公元前4世

---

① 指形、声、闻、味、触，分别对应人的视觉、听觉、嗅觉、味觉、触觉。

纪，亚里士多德等哲学家十分关注跳动的红色心脏，认为心脏是所有情感的源泉。这是合乎一定逻辑的，因为当人们感到恐惧时，心跳就会加快，而当身体放松时，心跳就会减慢。相比之下，其他时候的大脑显得迟钝而沉闷。

几个世纪以来，人类不断对大脑的作用做出各种猜测。埃及人认为大脑是防止头盖骨塌陷的填充物，希腊人认为大脑是身体其他部分的冷却系统。文艺复兴时期的思想家认为大脑是灵魂之所在；维多利亚时代的人则认为大脑是一个凸起的集合体，它提供了性格特征的线索。然而，几个世纪以来，对动物和人类的解剖清楚地表明，大脑是人体所有神经通路的最终目的地——从脊髓汇聚到颅底。罗马医生盖伦（Galen）也功不可没。公元2世纪初，他对死去的角斗士进行了足够多的尸检，得出结论认为，大脑是所有五感的"终点"。

历史上，在大脑被确定为思想和感觉的所在地之后，我们还是花了很长时间才用自己的大脑来弄清楚它在做什么。毕竟，我们可以听到和感受到心脏的跳动、肠道的蠕动和肺部的呼吸。但是，我们头颅中神经元的跳动，或者不同脑区之间的对话却无法直接意识到。

即使我们是大脑的主人，它也不会让我们听到这些喋喋不休的声音。我们高度发达的前额叶皮层也很难正确理解其下方情感脑和基础脑的作用或意图。尽管同属一个器官，前额叶皮层也会尽力猜测，但往往猜错。当我们在意识、高级大脑中"听到"一个积极或消极的想法时，很多事情已经发生了。虽然这些感觉源自我们自己的大脑，但大多数时候我们真的不知道它们是如何产生的。

博物学家查尔斯·达尔文（Charles Darwin）首先发现了快乐和悲伤的进化意义。他意识到，所有哺乳动物都必须能够体验到积极和消极情绪，以促使它们交配和寻找食物。否则，它们根本就不会去做它们需要做的事情，以保持自己的生命和延续物种。

但从生物学角度来看，这些美好的感觉究竟是如何产生的呢？几个世纪以来，这个问题一直困惑着科学家。20世纪初，西格蒙德·弗洛伊德（Sigmund Freud）还没有作为"精神分析之父"成名之前在其开设的第一间心理治疗室中担任神经科医生，解剖过大脑。但是，由于当时的研究人员对神经元的作用还只是一知半解，当他在显微镜下观察神经元时，并不能完全确定自己看到的是什么。到了1895年，他放弃了寻找大脑解剖与人类变幻莫测的思维之间联系的努力，因为他认为它们之间没有联系。

在20世纪余下的时间里，心理学家和精神病学家为了解决精神疾病问题，在试图弄清情绪是如何形成的问题上做了更多的尝试，却屡屡受挫。

由于人们不了解快乐的发生原理，因此通常采取的形式是用药物或脑叶切除术来麻痹病人的情绪。

奖励系统的发现

1954年，在加拿大麦吉尔大学的一个实验室里，诞生了一个心理学的伟大发现。当时，两位心理学家詹姆斯·奥尔兹（James Olds）和彼得·米尔纳（Peter Milner）正试图研究动机心理学。

在对啮齿动物的实验中，他们发现老鼠为了获得植入大脑的电极的刺激，会在 1 小时内按下一根杠杆多达 7500 次，甚至会主动放弃食物和性需求。通过反复试验，他们了解到，只有将电极放置在大脑的一个非常特殊的区域才会产生这种效果。这个快感热点被证明是多巴胺奖励系统的关键枢纽——伏隔核。

快乐从何而来

突然间，人们认为刺激大脑的某个特定区域就能解决人类的幸福问题。报纸头条大肆宣扬科学家已经发现了难以捉摸的"快乐区域"，并向人们展示了这样一种可能性：只要刺激大脑的特定区域，人类就能获得无尽的快乐。

这个乌托邦从未实现。但是，人类离确定哺乳动物大脑中产生快感的某些结构又近了一步。那些按压杠杆的老鼠预示着神经科学的黄金时代即将到来，但还有许多工作要做。虽然奥尔兹和米尔纳发现了刺激大脑的特定部位可以产生快感，但他们却不知道为什么，想更深入地了解似乎遥不可及。2002 年米尔纳在接受采访时说："这可能是我们未来两三个世纪都要努力去理解的东西。"值得庆幸的是，一些发现即将出现，这意味着我们不必等那么久。

多巴胺的发现

正如我们所知道的，发现引起快感的热点仅仅是个开始。在贯穿大脑的快感高速公路（又称"中边缘通路"）上，伏隔核只是一个枢纽。在这条路上还有多少其他枢纽？是什么在助长它们？

到20世纪70年代，驱动大脑奖励系统的关键化学物质已被确认为多巴胺。如果没有多巴胺刺激快乐中枢，老鼠仍会按下杠杆，但如果研究人员阻断多巴胺在老鼠大脑中的流动，它们就会对此失去兴趣。多巴胺可能是让信号在神经元之间快速传递的主要神经递质。正如一篇科学论文所说，多巴胺是"感官输入转化为我们体验到的愉悦、兴奋或'美味'等享乐信息的物质"。当然，这不是全部，只是一个开始。

深度扫描

要了解人类大脑中的美好情感是如何实时形成的，还需要解决一个重大障碍。解剖一个死者的大脑并不能揭示太多秘密，因为这个大脑的主人已经死亡，不会再思考了。在人类历史上，大脑的运作就像宇宙的外部一样神秘。自1929年起，人们就开始使用脑电图（EEG），它可以通过连接在头皮上的电极检测脑电波，但这些机器主要用于诊断癫痫等疾病。

1980年9月，《新闻周刊》（*Newsweek*）兴奋地宣布"一台能读懂人类思想的机器"即将问世。这一名为"正电子发射计算机断层显像（PET）"的机器能发现严重精神疾病患者大脑活动的异常区域。它的问世是将大脑活动过程拍摄下来的第一步。这是一个开端，一个"有限"的开端。通过向人体注射放射性示踪剂，扫描仪可以追踪多巴胺在大脑中的循环情况。但是，这种扫描方式缓慢，扫描出来的图像也模糊，而且扫描过程侵入性强，无法用于大规模研究。又过了10年，神经科学家们才获得了他们需要的突破——功能性磁共振成像（fMRI），经它扫描出来的图像超越了更基本的核磁共振成像扫描仪捕捉到的大脑静态图像。更新版的磁铁可以实时追踪血液中富含铁的血红蛋白的运动。这意味着可以将人放入圆形机器中，向其提问或向其展示图片，当不同区域被激活时，机器可以跟踪血液的流动而运行。多巴胺奖励回路现在可以被看到并绘制出来。

它成本更低且无创伤。虽然这个机器造价昂贵，但几乎所有人都能被送入其中进行检查。自发现以来的20年间，全球已有超过25万篇研究论文引用了fMRI的扫描结果。

比萨为何如此令人愉悦

尽管每个人的大脑结构都略有不同，但据fMRI扫描仪显示，中脑边缘奖赏通路在大脑中大致遵循相同的路线，沿途也有相同的停留点。

因此，让我们简化一下"快乐"在大脑中的运行路线。

以比萨为例。想象一下，在结束了一段漫长的工作后的周五晚上，你坐在沙发上，冰箱里没有食物。当饥饿激素——生长激素释放肽（ghrelin）水平开始上升时，享用周末美食的过程就开始了。大脑中的内部恒温器——下丘脑会接收到这一信息。杏仁核负责决定如何处理传入的感官信息，它会提醒你必须满足生存需求。现在，多巴胺作为预期的神经递质（它不仅仅是人们曾经认为的奖励）开始流动起来。此外，另一个大脑区域——前扣带皮层也会参与其中，帮助你思考如何满足这一需求。

那么，为什么比萨会出现在你的脑海中呢？比萨成为世界上最受欢迎的食物之一是有原因的。早期人类一看到碳水化合物、脂肪和盐分就会拼命摄入，因为饥饿的威胁于他们而言总是近在咫尺。因此，尽管我们现在与我们祖先的生活环境不同，大多数人几乎不可能挨饿，但我们仍然喜欢从富含脂肪的食物中获得最大的快乐。再加上海马体中储存的与朋友们一起吃比萨的美好时光的记忆，你对奶酪、蘑菇薄饼、比萨的渴望就会变得更加强烈。与此同时，你的大脑高级区域——前额叶皮层会帮助你提前计划并想象你吃第一口比萨的样子，从而增加你的动力。所有这些渴望都会从腹侧被盖区（大脑的主要工厂之一）释放出更多的多巴胺。

多巴胺：与期待有关的因子

但比萨不会凭空出现，你需要动起来，哪怕只是拿起手机搜索最佳的订餐地点。你不知道的是，多巴胺——促使行动的物质在幕后起作用。最后，在大脑皮层认知技能的帮助下，你终于找到了一家想点的比萨店，翻阅菜单并付款。在半个小时的等待过程中，多巴胺在你的期待中不断"流动"，刺激你的唾液腺，并缩小你的注意力范围，让你很难去想别的事情，除了想薄薄的饼皮和额外的奶酪和蘑菇的到来。

终于，门铃响了，你的食物到了。你打开盒子，撕下一片，然后把它放到嘴边，同时努力控制住那些芝士拉丝。你吃下第一口，觉得不错。不仅如此，这块比萨的味道令你惊叹，表皮酥脆，番茄味浓郁，美味极了。这意味着你将获得额外的多巴胺，帮助你记住这次经历，并让你学会下次该怎么做。

虽然多巴胺是快乐的化学物质，能给你带来强烈的快感，但它的作用远不止于此。多巴胺也是一种神经调节剂，这意味着它就像一张多米诺骨牌，刺激奖励系统中的其他化学物质，让你感觉良好。

根据密歇根大学神经科学家肯特·贝里奇（Kent Berridge）教授及其实验室的研究可知，享用比萨的主要快感来自"享乐热点"的激活——多巴胺和身体自然产生的内源性阿片样肽在这里共同发挥的作用。迄今为止，我们在鼠的脑核（奥尔兹和米尔纳将电极插入鼠的大脑，让它们不惜一切代价追求愉悦）的外壳中发现的这些热点，约占该区域面积的10%。"就像群岛中的岛屿一样，享乐热点相互连接，并与处理愉悦信号的其他脑区相连，形成一个强大的、完整的愉悦回路。"贝里奇教授对我说，"这就是'愉悦光泽'——一种高附加值感觉的来源。多巴胺是对比萨到来的期待和盼望。当你咬一口比萨时，多巴胺仍然存在，但同时也会产生内源性阿片样肽和内源性大麻素。享受比萨的体验就是这些物质的结合。"

虽然享用第一口比萨让你感觉很好，但你不可能永远吃下去。这样吃下去对你的健康和你的腰围都没有好处，所以你的意识会在这个过程中踩刹车。它可能会低声对你说："是的，比萨很好吃。但如果你吃的比需要的还多，你会发胖的。"

与此同时，你的肠道也在通过神经系统的中枢神经——迷走神经发送信息，报告你的胃正在被填满。此外，每吃一口，多巴胺的释放量就会下降，因为新奇感正在逐渐消失。这是因为分泌多巴胺的神经元总是在寻找让人惊喜、感觉良好的新体验。

为了节省体力和时间，大脑会根据我们之前的经验不断预测接下来会发生什么。

当我们如愿以偿时，多巴胺水平并没有特别的变化。当我们得到惊喜时，我们会得到额外的快乐奖励。当经历超出预期时，大脑就会学习再做一次。事实上，长期研究这种效应的神经科学教授沃尔夫拉姆·舒尔茨（Wolfram Schultz）说，"不可预测的奖励"可能是普通奖励的 4 倍之多。

铭记美好

现在，你已经吃够了比萨，开始把空盒子扔进垃圾桶，但是奖励还有最后一个阶段。如果你发现了一个外卖比萨的新的好去处，海马体会帮助你将这次经历牢牢地锁在记忆中。如果比萨不好吃，海马体也会提醒你不要再点那家的外卖。当你开始觉得自己吃够了的时候，你的多巴胺水平不仅会回落到基线，而且会比基线还低一些，这样它们就能回到平衡状态，让你准备寻找下一餐。

可能出现的问题

展望未来，然后享受体验。吃比萨，可能是世界上再明显、再自然不过的一个例子。我们只能从这个简化的描述中了解一个大概,实际上它的运作流程要复杂得多。不过,就像任何旅程一样,它在途中可能会出错,阻碍我们享受快乐。

快感缺乏症和其他精神状态一样,有多种表现形式——大脑的奖励过程可能通过多种方式偏离轨道。首先,多巴胺是一种非常珍贵的物质。它是一种"刚刚好"的分子,过多或过少都会使这趟旅程脱离原本的轨迹。有些人大脑中的多巴胺水平可能一开始就比较低,而有些人则过高。

在另一些人的大脑中,多巴胺可能没有机会自由流通,其原因可能是神经通路中神经元之间的突触对多巴胺的吸收太快,或者多巴胺的流动受到其他神经递质的抑制。对于一些患有快感缺乏症的人来说,杏仁核似乎从一开始就反应过度,扰乱了它们的旅程。

研究发现,大脑奖励通路上不同枢纽之间的交流可能会中断。由压力或不良饮食等因素引起的炎症也可能会干扰多巴胺的释放。与任何有关情绪状态的研究一样,并没有一个简单易行的答案。毕竟,你的大脑是一个密集、复杂的神经回路相互连接的整体,由许多区域和化学物质协同工作,共同产生良好的感觉。

即使是最轻微的快感,也可能涉及大脑和身体的 20~30 个小区域。催产素、去甲肾上腺素和血清素等其他神经递质和激素也会发挥作用。

快乐的变化

有些夜晚,比萨的味道可能就没那么好了。那么,为什么同样享受会有不同的感受呢？你的情绪是你的感官、激素和身体机能的全部输入。因为你本周的家庭压力很大，你的皮质醇可能很高。也许，另一种调节情绪的大脑化学物质血清素，可能因为你的老板在工作中对你不闻不问而降低。

研究人员一直面临的挑战是找出奖励系统在不同阶段会出现故障的原因。我们发现，获得快乐并不是一个单一的过程。正如下文所述，它有三个阶段。

期待的快乐

想象一下，回到吃第一口比萨的时候，是什么让你感到愉悦？你可能会认为，快感全在第一口吃下去的那一刻，你的牙齿陷入饼皮，美味冲击你的味蕾。这看似简单的一瞬间，却让你感受到了半个小时的愉悦。

第一阶段是期待。当你开始感到饥饿并在脑海中幻想比萨时，它就开始了。关于快感缺乏症的一种理论认为，快感缺乏症患者除了丧失当下的快感外，还丧失了预测和期待会让你感觉良好体验的能力。

在实验中，啮齿类动物的大脑经过调整后不再释放多巴胺，它们也不再寻求多巴胺，以至于如果任其发展，它们会饿死。人类也发现了同样的情况。

通过对快感缺乏症患者的研究，我们发现他们失去了追逐能让他们感觉良好的奖励的最初欲望。但是，如果给他们让人感到愉悦的东西，如他们喜欢的食物或想要体验的经历，他们仍然会乐在其中。如果这种情况没有发生，他们就会停止享受生活，因为他们不再做那些一开始就让他们感觉良好的活动。

贝里奇教授的研究指出，在大脑的奖励系统中，"想要"和"喜欢"是截然不同的。贝里奇教授说："'想要'是指一想到食物或食物的香味就会不由自主地想吃。而'喜欢'则是你把食物放进嘴里咬一口，然后觉得'味道不错'。这两个过程是可以分开的。"

与其把患有快感缺乏症看作不再享受生活时才会发生的事情，不如问自己一个问题：是你的动力消失了吗？与其说是你不再享受某种体验，不如说是你不再期待某种体验。因此，你会因为不再参加那些会让你感觉良好的活动，从而陷入一个螺旋式下降的旋涡吗？贝里奇教授认为："在快感缺乏症的病例中，这可能意味着快乐的感觉仍然完好无损。如果给患有快感缺乏症的人一个雪糕，让他们给雪糕带给人的愉悦感打分，他们会给出获得正常愉悦感的评分。但是，他们并不是特别想要这个雪糕。因此，除了快感缺乏症，我们还知道一个单独的术语——动力缺乏（avolition），用以描述渴求感的丧失。"

在"想要"和"喜欢"之后，还有一个环节需要考虑，即第三个阶段——学习或记住你是如何享受这一体验的。当你吃完美味的比萨后，你的大脑会将你喜欢吃比萨的事实编码，这样接下来你就知道下次去哪里点比萨了。

剑桥大学神经科学教授沃尔夫拉姆·舒尔茨说，除了事前的预期和需求得到满足时的满足感，奖励系统还有第三个阶段——学习阶段。经历了这个阶段，你就可以决定是否要再次订购比萨。

因此，另一个要问自己的问题是：当你回想某次经历时，是否会出现消极的回忆，而当时，你却很享受这段经历？这也可以用"心境一致性"（mood congruency）来解释。它的基本意思是，如果你心情不好，往往会回忆起更多关于某件事情的负面方面，从而加强了这种循环。

总之，大脑的奖励系统就像用一个复杂的滑轮系统拉起一桶饮用水的过程。当系统运行良好时，它会促使我们寻找自己想要的东西，然后记住如何再次满足这种需求；当系统运转不顺利时，水桶就会在上升途中摇晃，水就会溢出，奖励也就没有预期的那么多。

在某些形式的快感缺乏症中，如果我们喝了提神饮料，我们可能就不记得系统最初是如何良好运作的了。事实上，可能正是这一点让快感缺乏症变得非常狡猾，让你停止尝试。例如，"无精打采"地待在家里时，做些运动似乎是个好主意。但如果大脑的奖励系统崩溃，那意味着你不记得做运动会让你感觉更好，就不太可能去做了。或者，你被朋友邀请出去玩，但你坚决地拒绝了这个提议，因为上次社交时你和一个你觉得无聊的人一起坐在桌子的尽头。

如果你预见不到享受某种体验的前景，你也忘记了为什么要享受这种体验，那么你可能一开始就不会去理会。快感缺乏症会把一个派对爱好者变成一个不再喜欢社交的人，把一个天才美食家变成一个懒得做饭的人，把一个关注球队输赢的狂热体育迷变成一个不再关心球队是否降级的人。

麻木感

快感缺乏症不是抑郁症的一部分,是因为两者有一个重要的区别。快感缺乏症的一些表现通常被描述为具有麻木效应、情感迟钝、情感空虚。相比之下,抑郁症会让人感到痛苦。对许多人来说,情绪低落、无望和绝望的感觉会激活身体的躯体感觉,如胃部、胸部或头部会有压迫感或紧绷感。为什么会这样呢?

我不觉得沮丧或悲伤。我只是感觉麻木,就像处于自动驾驶状态的汽车。我甚至觉得不像其他人那样对世界的现状和可能发生的坏事感到不安,有时这种感觉非常有用。

——弗雷迪,34 岁

因为疼痛在大脑中有自己的路径。研究表明,疼痛和快感系统有很多交叉点。例如,前扣带皮层就是这两种系统的一部分。(值得注意的是,慢性疼痛患者也会出现快感缺乏症。这可能是因为持续的压力和皮质醇干扰了奖励过程。)

研究人员尚未找到导致快感缺乏症的所有生物机制。一种解释可能是,它是由奖励回路的部分崩溃引起的,但这并没有引发与抑郁症相同的身体疼痛回路。试想一下,快感缺乏症会不会是没有疼痛的抑郁症呢?

我的生活变得沉闷、灰暗和单调。我以前很容易笑,渐渐地,我觉得我和我在乎的东西之间有了一堵墙。

——汉娜，37 岁

生物精神病学教授卡迈恩·帕里安特说，无论快感缺乏症以何种形式出现，都必须认真对待。"快感缺乏症与不同的疾病有关，表现的严重程度不一样。你可能永远不会单独患上一种病，它可能是倦怠，也可能是你没有意识到的轻度抑郁症。但是，人们往往会因为有这种感觉而自责，或者认为自己软弱或不好。它总是其他因素的一部分，所以找出它是什么很重要，因为它是人们体验世界的方式的重大转变。"

在一次住院后，我的情绪突然变得很低落。我对朋友或家人失去了兴趣。他们在聊天，我却在想："我希望我在乎，但我不在乎，我只想坐着盯着墙看。"但因为你还能说话，还能活动，人们就觉得你很好。你一直试图向他们解释，他们却不明白。

——乔莉，56 岁

转瞬即逝的快乐

另一个让你感到"无精打采"的原因可能是，你没有足够长的时间去享受愉悦的感觉。当你享受某种体验时，信号会从前额叶皮层向下传导至伏隔核。

美国威斯康星大学的研究人员通过核磁共振成像扫描发现，抑郁症患者很难维持愉悦的感觉，而且在观看令人愉悦的图片时获得的乐趣也较少。换句话说，好的感觉流逝得太快，无法真正影响他们的情绪。

> 我能感受得到满足感真的很短暂。这种感觉持续了大约5秒钟就消失了,然后我又开始担心下一件事。
>
> ——卡佳,33岁

另一项实验对网络游戏获胜者的大脑进行了监测。奖励回路中腹侧纹状体部分活动较多的人能够对他们胜利的感觉维持更长的时间。如果大脑的奖励回路没有发挥应有的作用,快乐就会转瞬即逝。

我们在心情不好的时候难以欣赏美丽的夕阳,但这并不绝对。主导这项研究的迈阿密大学心理学助理教授亚伦·海勒(Aaron Heller)认为,我们仍有机会学会训练自己的注意力:"大脑具有可塑性,通过选择和体验,我们能更好地体会或维持积极情绪,或者从焦虑和抑郁等负面状态中恢复过来。"正如我们将看到的,当我们开始关注生活中的不同事物,让大脑获得更好的体验时,我们就有了改善情绪的能力。

◀◀◀ 第 / 三 / 章

快感缺乏症正在阻击你的愉悦感

如果大脑的奖励系统不再像以往那样正常运转,你就会发现自己感知世界的方式发生了一些变化。五感是我们与外界互动的方式,是我们输入大脑的信息,帮助我们决定下一步该采取的行动。每一种传入的感觉都会经由杏仁核这一雷达判定,这是我们想要重复的理想感觉,还是应该触发大脑威胁系统的警告信号。

如果这是你喜欢的感觉,奖励系统就会启动。如果因快感缺乏症导致奖励系统的反应没有预期中那么强烈,这些传入大脑的感觉可能就不会再给你带来如以往那般的愉悦感。如果你处于"无精打采"的状态,你的味觉、触觉和嗅觉会变得迟钝,你对音乐的欣赏和性能力也会降低。

40岁时,我发现自己不像以前那样喜欢出去喝酒了,甚至连和朋友吃顿饭聊聊天也不太愿意。这与抑郁无关,我只是更喜欢在家里放松,打电话跟别人聊聊天。毕竟为了出门还得梳妆打扮,做好万全准备的同时还要花上一大笔钱。在我看来,出门是一件苦差事,没有任何乐趣可言。

——安妮特，40 岁

音乐令人愉悦

音乐是我们生活不可或缺的一部分。耳机的出现意味着我们现在比以往任何时候都更喜欢听音乐，因为它可以随时随地以无线方式将我们喜欢的歌曲送入我们的耳朵。

为什么我们的大脑会如此渴望音乐这种无形的东西呢？它不过是压缩空气的振荡而已，我们至于需要它吗？

听一听莫扎特（Mozart）或者艾德·希兰（Ed Sheeran）的音乐，也许就足够令人感到愉悦了。我们最喜欢的曲调能给我们最平凡的经历，如上下班或在公园散步，带来如电影史诗般的宏大感受。虽然音乐并非我们生存所必需，但是我们的大脑还是给予了它极大的关注。

音乐是能令人感到愉悦的。它与食物、性一样，都是大脑通过主要奖励通路进行处理的。美国麦吉尔大学认知神经科学家罗伯特·扎托雷（Robert Zatorre）是研究音乐对大脑影响的领军人物。他指出，音乐"调动了大脑所有的高级认知机制。音乐的非凡之处在于，它将我们大脑中进化程度最高的部分联系在一起，并与我们的奖励系统联系在一起，给我们带来纯粹的生理愉悦"。

我以前大部分时间都听音乐。现在却觉得无聊或烦人。这太令人沮丧了。

——塞伯，36 岁

音乐的力量

早在人类第一次决定以重复的敲击即兴创作鼓乐之前，节奏和旋律就存在于大自然中——无论是海浪拍打海岸的声音、鸟鸣声还是我们自己的心跳声。有一种理论认为，就像利用火一样，人类学会了让其服务于我们的生活。在我们的狩猎采集时代，部落中的成员会一起随着同一面鼓的节拍跳舞，这可能是最早的联谊活动。随着时间的推移，我们学会了用它来安抚婴儿入睡、激发浪漫情怀，甚至鼓舞士兵战斗。

无论音乐的目的是什么，听音乐已经成为一种最简单、最廉价的取乐方式，可以将美好的感觉输入我们的大脑。这种享受来自对下一个音符的期待。当我们聆听一段期待已久的旋律时，大脑会在这种期待得到满足时向奖励回路释放多巴胺。如果一首歌的高潮部分或朗朗上口的副歌部分有一个巨大的张力积累和释放过程，你也会在高潮到来时获得额外剂量的多巴胺。

> 感觉色彩、噪声、气味和味道都离我很远。我感觉自己就像电子游戏中的玩家，在这个世界中穿行，却无法与之相连。然后，有一天早上，我戴上耳塞，音乐也无法打动我。
>
> ——哈利，25 岁

音乐与多巴胺

2019 年的一项具有里程碑意义的研究强调了多巴胺对我们欣赏音乐的重要性。在这项实验中，研究人员给志愿者播放音乐，志愿者分别服用了能在大脑中转化多巴胺的药物和一种能减少多巴胺的药物。那些多巴胺释放受阻的志愿者表示，他们对音乐的喜爱程度较低。

在听到你喜欢的一首歌时，多巴胺的释放量似乎是最大的。关于为什么会出现这种情况，学者们有不同的解释。有学者认为，可能是杏仁核把你的情绪反应信号混淆成了恐惧，并做出了一些生理反应，就像你害怕时头发会竖起来那样。扎托雷教授认为，这可能是你的奖励系统将这种经历标记为一次重要的经历。

音乐的力量就是如此强大，当我们在悲伤的情绪中聆听一首悲伤的歌曲时，我们可能会释放更多的多巴胺，这可能是因为我们因被理解和同情而感到安慰。

音乐性快感缺乏症

如果听音乐一直是你让自己感觉更好的方式，那么当你发现自己不再那么享受音乐，或者不再像以前那样听得心潮澎湃时，就会毫不奇怪地觉得生活中缺少了一部分音乐。在访谈中，快感缺乏症患者发现音乐不再能打动他们的情感，也不再像以前那样让他们想跳舞。有些人反馈说，他们对音乐的喜爱消失了一年或更长时间后才恢复，在恢复后情绪也有所改善。重新喜欢上音乐，也就是快感缺乏症状消失的最初迹象之一。

我热爱音乐。我一生都在听音乐。但有几年，我感觉生命中有些重要的东西起身走出了家门。

——萨利，24 岁

如果你不再喜欢听自己喜欢的歌曲，会发生什么情况？根据西班牙巴塞罗那大学研究小组的研究可知，有 3% 到 5% 的人根本就没有享受过音乐带来的乐趣，但他们喜欢其他奖励，如艺术或食物。研究发现，这些人的听觉皮层（大脑中最先处理音乐的部分）与奖励系统之间的联系较弱。（那些一听音乐就浑身战栗的音乐狂热爱好者被发现拥有更强的连接也就在情理之中了。）

如果你曾经喜欢音乐，现在却不再喜欢了，那么这种转变很可能是因为你的奖励系统活动普遍减少。"患有广泛性快感缺乏症的人不喜欢音乐，这并不十分令人惊讶。"扎托雷教授说。他指出，对音乐的喜爱与其他刺激一样，都是通过共同的中脑边缘通路进行处理的，"我认为这是奖励系统本身的紊乱"。

生物精神病学教授卡迈恩·帕里安特说，你可能会更注意到这一点，"如果你曾经对音乐充满激情，你就更有可能注意到这种激情已经消失"。

我以前很喜欢跳舞。但后来音乐变成了噪声，我根本不想跟着音乐动起来。我的反应变得迟钝。我能听到声音，却无法与它们联系在一起。这种感觉让我沮丧得想哭。

——罗西，37 岁

味　觉

早期智人觅食所需的水果、种子和坚果于他们而言算是一项全职工作。对古代营地的发掘发现，狩猎采集者种植的放牧植物种类达 50 种到 90 种不等。这意味着，如果人类要区分哪些食物可以安全食用、哪些食物有毒，那么强烈的味觉是必不可少的。为了进行分辨，我们的舌头表面有 2000 个到 8000 个乳头状凸起，具体数量取决于我们的年龄和基因，这些乳头状凸起大约每两周更换一次。

在这些凸起的两侧，有 3～5 个味蕾，每个味蕾有多达 50 个感觉细胞。当这些细胞接触到食物时，就会向大脑味觉皮层发送信号。在这里，不同区域的细胞可以区分苦、咸、甜、酸和辣味。这些基础味道的不同浓度和组合可以产生 10 万种不同的味道。

不过，味觉不仅仅体现为我们对食物的欣赏。"酸葡萄"和"苦药"等词提醒我们，味觉与情感密切相关。快感缺乏症患者可能会注意到的变化之一就是，他们不再那么喜欢食物的味道，而这可能是奖励回路受阻的又一结果。当我们品尝到自己喜欢的食物时，就像吃比萨的例子，它会刺激多巴胺内源性阿片样肽的释放，从而带来愉悦感。

> 我还能尝到味道，但我吃得不尽兴。我吃得更少，因为我不在乎它。酒曾经是我最喜欢的食物，但现在我不喜欢了，它尝起来很苦。
>
> ——爱德华，39 岁

味觉敏感度也会受到激素和神经递质水平变化的影响，并最终受到情绪的影响。如果多巴胺的释放量减少，你就不会渴望或喜欢你通常喜欢的食物。

血清素和去甲肾上腺素在味觉中也扮演着重要角色，帮助将信息从口腔传递到大脑。在一项实验中，抑郁的志愿者服用了能提高其中一种水平的药物。研究人员发现，提高血清素能提高识别甜味的能力，而去甲肾上腺素则使志愿者对苦味和酸味更加敏感。另一项研究也证实了这一点。在球队赛结束后研究人员询问体育迷的悲喜程度，并给他们吃柠檬酸橙冰糕。球队获胜一方的球迷认为甜点的味道更甜，而输球球队的球迷则因为看到自己喜欢的球队输球而产生了更多的去甲肾上腺素，他们认为甜点的味道更酸，没有那么令人愉悦。

随着年龄的增长，我们的味觉反应能力也会减弱。味蕾的大小和数量都会减少，再生速度也不会那么快。这意味着年龄越大，可能需要的调味品就越多。一项研究发现，老年人需要在番茄汤中多放 2～3 倍的盐才能尝出味道。

中年女性雌激素水平的下降也意味着女性分泌的唾液会减少，而唾液是将食物分解成单个化学物质以便品尝的必要条件。土耳其安卡拉大学的研究发现，35% 的女性说她们的味觉在更年期不再那么敏感。

最简单的解释就是，这就像感冒时吃东西一样，什么味道都尝不出来。你知道你在吃东西，你知道你必须吃点什么，但你不再享受食物的口感或味道。

——乌娜，65 岁

嗅 觉

如果说必须选择放弃某一感官的话，嗅觉可能是我们最先放弃的。一项调查发现，学生宁愿放弃嗅觉，也不愿放弃手机或笔记本电脑。

新型冠状病毒感染的症状之一是嗅觉缺失（anosmia）。事实证明，这是一个深刻的教训，让我们了解到没有嗅觉的世界是多么的平淡无奇。嗅觉与味觉密切相关，但这只是因为我们会闻到送入口中的食物的味道。

当空气中的分子进入我们的鼻腔时，它们会触发鼻腔上皮（大脑唯一接触新鲜空气的部分）中的嗅觉神经细胞。嗅觉仍然是一个独立的系统，且具有形成强大记忆的独特能力。这是因为，无论是现磨咖啡的香气，还是曾经和奶奶一起做的曲奇饼干的香气，都会直达我们大脑情感的中心。然后，这个信号会传到嗅球，触发整个情感和记忆回路的反应。

嗅觉与情绪的这种亲密关系意味着嗅觉与情绪紧密相连。例如，只需嗅一嗅芳樟醇（柑橘和薰衣草中的化合物），就能与神经递质 GABA 相互作用，使大脑和神经系统平静下来。

研究发现，嗅觉也特别容易受到神经递质水平变化的影响。随着时间的推移，抑郁症患者的嗅球会缩小，会让他们减少对生活的乐趣，从而形成恶性循环。

《化学感知》（Chemosensory Perception）期刊上的一项研究让一群女性尝试了感知香草、柠檬派、薄荷和燃油等多种气味。研究人员发现，女性的情绪越平淡，她们的嗅觉就越差。

嗅觉还与大脑中感觉良好的化学物质水平有关。研究发现，被剥夺嗅觉能力的老鼠体内多巴胺和血清素的浓度较低。这也有助于解释为什么嗅觉与"无精打采"有关。

我的感觉和我的嗅觉之间有一种联系。有时，当我感觉良好时，就好像我能更清晰地闻到周围事物的味道，甚至连空气的味道都会变得更好。

——爱丽丝，39岁

视　觉

当你感到"无精打采"时，你可能也会用更柔和的色调来看待世界。色彩在头脑中形成，但并不是绝对的。因此，我们的情绪状态也会决定我们如何看待色彩。

英国南曼彻斯特大学医院的研究人员在一项实验中发现，焦虑症和抑郁症患者更倾向于用灰色来描述自己的感受。根据发表在《生物精神病学》（Biological Psychiatry）杂志上的这项研究可知，情绪低落者的"灰色效应"非常明显。研究人员认为，这有可能被用来测试某人是否患有抑郁症。

直觉上，我们一直都知道这一点。这就是电影制作人、艺家和作家总是倾向于使用灰色调来营造悲伤场景的原因。其中一个原因可能是视网膜上的感光细胞是人体中最耗能的细胞。如果抑郁症和快感缺乏症患者的大脑已经处于低谷或血液供应减少，它们可能就没有足够的处理能力来解读进入眼睛的所有颜色，从而认为世界的颜色看起来更加单调。牛津大学眼科系主任罗素·福斯特（Russell Foster）教授说："我们知道，疲惫的大脑无法有效地处理信息，因此复杂的色彩处理任务可能会被边缘化。"

我所看到的所有色彩都显得黯淡无光，因为我生活的世界总是灰蒙蒙的。

——帕特里克，36 岁

我能看到颜色，但它们并不鲜艳，并不突出。

——费恩，24 岁

触 觉

2004 年，当我还是一名在纽约工作的外国记者时，我参加了一个拥抱派对。据收取 20 美元入场费的组织者说，这是为了解决内城生活中的触觉匮乏问题。这个派对有一条规则是"禁止生殖器摩擦"。这说明之前的客人来这里不仅仅是为了"令人愉悦的每日推荐触摸量"。随着时间的推移，组织者发现了一些问题。

抚摸具有促进进化的作用，因为在灵长类动物之间，梳理毛发是表示信任的重要手段，也是保证一切顺利的重要手段。它还能产生一种放松感，因为如果我们族群的其他成员有时间为我们梳理毛发，就意味着没有迫在眉睫的危险。从出生开始，亲切的抚摸就会激活奖励回路，在大脑中释放奖励物质。

英国利物浦约翰摩尔斯大学体感与情感神经科学组组长弗朗西斯·麦格隆（Francis McGlone）教授说，新冠疫情封锁让我们清醒地认识到触摸对心理健康的重要性。"人类进化史上很少有不允许相互接触的情况。这种触摸的缺失让我们意识到生活中缺少了什么。现在，人类需要触摸已成为公认的事实。这些神经纤维的激活会产生许多我们可以测量到的直接影响。它能释放'亲密激素'——催产素，还能降低心率和皮质醇（衡量压力的指标）。因此，轻柔的抚摸会对所有影响健康的过程产生直接影响。"

快感缺乏症不仅在感觉良好方面发挥着负面作用，同时也会让你失去反应能力。奖励回路的中断也意味着，你曾经喜欢的拥抱可能不再让你感觉良好，反而让你感到更加孤独和沮丧。

> 我以前很喜欢拥抱。现在我觉得拥抱很奇怪，很不舒服，很烦人。我的感觉是："还要这样下去吗？我还有事情要做。"
>
> ——玛丽昂，54 岁

性快感缺乏症

如果快感缺乏症让人感觉抚摸没有那么有价值，那么他们性爱以及性高潮的感觉可能就不会那么强烈，这也就不足为奇了。对获得性高潮的女性和男性进行的大脑扫描结果显示，在达到高潮的瞬间，多达 80 个不同的大脑区域会"联机"。这些区域包括多巴胺奖励通路上的所有区域，其中奖励系统的关键部分——伏隔核的活动在高潮时达到顶峰。

同时，在内分泌系统中，负责保持身体内部机能平衡的下丘脑也会释放催产素，这会引发女性的肌肉收缩。男性也会释放催产素，但释放量较少，释放时间也较短。

由于这是一连串极其复杂、环环相扣的化学过程（我在这里只提到其中的几个），很多事情都可能出错。有些人可能会失去过性生活的动力，有些人可能会感觉不到性生活的快感，有些人可能会感觉不到性高潮。其中一个原因可能是多巴胺水平受到干扰。多巴胺似乎不仅在性渴望中起着关键作用，而且似乎还是性高潮的加速器，能让高潮来得更快、更容易到达。因此，如果你性高潮的感觉强度像是微弱的叮当声，就会感觉到多巴胺的流失。

在激素变化的背景下，性生活的乐趣也会减少。对于女性来说，雌激素有助于增强性高潮体验。这就是为什么在雌激素水平最高的生理周期中期，她们的性高潮感觉最为强烈。因此，雌激素在生理周期中的波动，或在更年期中的完全消失，都会有一定影响。雌激素还有助于制造催产素，催产素是另一种对性快感体验至关重要的化学物质。不过，它在更年期也会减少。这也是高潮可能需要更长时间才能达到、更快消失或感觉不那么强烈的另一个原因。

我以前很喜欢和男朋友做爱，但现在拥抱和接吻的感觉就像

是在走过场。我想的是:"还没结束吗?"

——弗洛,27 岁

我知道我达到了高潮,但它并没有给我带来快感。这就像是一种反射,但它被淡化了,被断开了,就像是这个神经通路没有连接到我身上一样。

——波琳娜,37 岁

分娩和年龄增长会导致生理变化,使性高潮体验更具挑战性。阴蒂和阴道口之间的距离小于 2.5 厘米,女性更容易达到性高潮。随着时间的推移,女性的生理结构会使这一区域的感受时间变得更长,也会使性高潮更难达到。骨盆底的肌肉是感受性高潮冲击波的地方,在怀孕、手术或体重增加后会变弱。

对于男性来说,睾酮对强烈的性高潮很重要。随着年龄的增长,睾酮水平会逐渐下降,精液量也会随之减少。根据期刊《生育与不孕》(Fertility and Sterility)的研究可知,男性从 45 岁左右开始,每年平均射精量减少 1.48%。其他研究还发现,52 岁以上男性的精液量只有 52 岁以下男性的一半(1.8∶3.2),这使性高潮体验感更弱。

我看了太多的色情片,失去了做任何事的动力,不只是做爱,还有出去社交。就好像我的大脑把我所有的多巴胺受体都弄糊涂了。性生活很乏味,感觉没有屏幕上播放的那么刺激。我决定放弃色情片。3个月后,我不仅重新开始享受性爱,还开始大笑,就好像色情片破坏了我的整个快感回路。

——杰里米,45 岁

社交快感缺乏症

你收到了一封派对邀请的电子邮件,但你觉得自己可能不会喜欢,于是就待在家里看 Netflix 连续剧直到凌晨。第二天,你醒来时已经过了正午。你查看手机,发现没有信息。你沮丧了一会儿后,告诉自己这是在浪费时间。你越是宅在家里,甚至躲在被窝里或守在屏幕前,你就越觉得自己需要努力走出去,也越觉得自己没有什么要对人说的。

今年早些时候,我参加了我最好朋友的 50 岁生日。那是一个华丽的化装舞会,因为新冠疫情,我已经很久没有见到那些人了。如果我笑了,那看起来一定很肤浅,很勉强。也许从远处看,我就像一个活生生的人。其实,我是在倒数着离开的时间。

——凯西,50 岁

我们都会有不想社交的时候,但很多时候我们最终还是会去社交。这些社交,有时是有趣的经历,有时只有无聊和尴尬。社交活动很难预测。如果你患上了社交快感缺乏症,一种"我不想去"的感觉,而不是害怕错过有意思的事,那你恐怕不太愿意冒这个险。

社交快感缺乏症有多种表现形式。你可能会避免与朋友社交聚会，或者觉得自己必须假装与他人相处愉快。更糟糕的是，你可能会开始疏远亲密关系，包括疏远伴侣或孩子，因为你对爱的感觉可能变得迟钝。"亲密激素"——催产素的下降可能有助于解释为什么你不再喜欢和其他人在一起。我们也会从社交中获得多巴胺。一旦多巴胺供应不足，你出去交际的冲动感可能也会下降。

大脑扫描结果显示，患有社交快感缺乏症的人甚至难以想象他们会度过一段美好时光（尽管有些人在到达目的地后可能会乐在其中）。虽然他们可能仍有动力继续尝试以获得确定的回报，如挣钱，但假设他们不知道会发生什么，他们就没有兴趣去费心，也没有动力去冒险。"患有快感缺乏症的人无法预知从某些活动或感觉中能否获得快乐，因此他们无法激励自己去寻找这些快乐。"伦敦国王学院生物精神病学教授卡迈恩·帕里安特说，"即使他们这样做了，他们也不会感到任何快乐。"

如今，比起人，我更喜欢动物，因为你不必和它们对话。

——弗朗西斯卡，36岁

艰苦的童年生活让我防备心很强。在10多岁和20岁出头的时候，我和朋友们一起度过了一段美好时光，尽管我总觉得自己有点边缘化。但渐渐地，生活中不可避免的打击让我对生活有更加愤世嫉俗的看法，也让人们觉得我有点疏离。当人们说，我只有在喝了几杯酒后才会变得有趣时，我的内心很受伤。我已经尽力了，但就像有一个玻璃天花板阻止我享受自己。

——海蒂，63 岁

研究发现，事后他们也往往会对自己的经历记忆不深，从而不太想再出去做一次。他们在社交场合对他人的反应也不那么热情。他们更有可能对社交暗示做出负面的解释，甚至认为他人没有吸引力。失去幽默感也是一种症状。研究发现，快感缺乏症患者对有趣事物的判断较少，自己开的玩笑也较少。

我最近完成了我的学业。在毕业舞会上，我努力让自己兴奋起来。尽管我应该感到巨大的成就感和解脱感，但所有的庆祝活动都让我觉得很虚假。

——泰德，22 岁

小 结

正如我们所了解到的，快感缺乏症源于大脑奖励系统的崩溃，而奖励系统由三个阶段组成：想要、喜欢和学习或记忆。要想让奖励系统完全恢复正常，三者必须配合得当。要想体验快乐，首先，你需要确定自己想做什么，并怀有期待。其次，你需要全神贯注，摆脱忧虑和不自在，这样才能充分享受这段经历。最后，你需要铭记此事，并心存感激。这样你才会拥有一段积极的回忆，愿意及期待将此番种种再经历一回。在本书最后一部分，我们将探讨如何让这三个阶段协同运作，使你能再度充分享受生活。

HOW TO FEEL FULLY ALIVE AGAIN: SOLUTIONS TO FEELING "BLAH"

>>>>

第三部分

▼

\>\> 重拾活力：如何摆脱快感缺乏

第 / 一 / 章

与大脑保持同一战线

想象一下,你在一个陌生的国度醒来,手臂毫无知觉。在其他人看来,你的手臂没有任何问题。但你知道,这种针刺感不对劲。虽然你的手臂可以动,但它似乎已经麻木了,这让你感到焦虑不安。问题是,你无法用语言来描述这种麻木感,所以你觉得自己无能为力。再想象一下,你为这种麻木感找到了一个名字,你就不会再觉得自己是唯一有这种经历的人,你就能找出问题所在。

同样,如果你长期感受到情感麻木,无法享受生活,那么你现在就有了一个词来描述这种感受:快感缺乏。为其命名,意味着掌控权已经在你手中。现在,你的词典里多了一个新词,这个词描述的是一种情绪状态。到目前为止,这种情绪状态在治疗室之外几乎无人问津。

渐进的变化

快感缺乏症通常不是一夜之间患上的,就像水一点点从排水孔流走,生活中乐趣的消失是一个渐进的过程。对许多人来说,大家都是慢慢才意识到自己错过了多少美好。你可能需要一段时间才会意识到，自己已经几个月甚至几年没有真正笑过了。

又或者，你发现自己已经记不清上一次放松身心、沉浸在假期体验中是什么时候了。也许你开始注意到悲伤与快乐的比例已经严重失衡。或者，"无精打采"已经成了你生活的壁纸。

多年来，压力可能逐渐削弱了你享受乐趣的能力。就像快感缺乏症会悄悄找上你一样，它也不会在一夜之间消失。让大脑的奖励回路再次满负荷运转，或者让感觉良好的化学物质流动起来，可能需要一些时间。但是，调整、改变你的优先事项以及为大脑提供更多积极的输入，这些微小的变化会逐渐累积起来。

建立新的思维模式

快感缺乏症可能已经成为你的默认设置。你可能已经与它一起生活了很长时间，以至于你感觉它就是你性格的一部分。因此，你首先需要相信自己有能力改变和控制自己的情绪。

在你阅读这本书的时候，你的大脑中大约有860亿个神经元，这些神经元通过多达4万亿个突触连接在一起。神经科学家亨宁·贝克（Henning Beck）博士说，单个的脑细胞本身并不能做什么，但如果有很多脑细胞在交流，那么大脑就会形成一种活动模式，也就是我们俗称的"思想"。

贝克博士说，思维的形成就像管弦乐队的演奏。"如果你看一个交响乐团，看到所有的乐手坐在一起，但没有演奏任何音乐，你根本不知道这个交响乐团能演奏出什么样的旋律。这就像大脑一样，你根本不知道这个系统能思考什么。在管弦乐队中，当乐手们开始一起演奏并相互配合时，旋律就开始出现了。可见，音乐、旋律就在演奏者之间。这就像大脑中的思想在脑细胞中发生一样。思想不在任何地方。思想就是脑细胞的相互作用及其对信息的处理。"

所有这些"音乐家"——"神经元"都需要随时准备发挥自己的作用，这意味着它们一直处于待机状态。而待机状态意味着大脑运行要消耗大量能量。（尽管大脑只占人体质量的 3%，但却消耗了人体高达 20% 的能量。并且，仅神经元的发射就消耗了三分之二的脑力）。基本旋律是在我们的情感或边缘网络中形成的。这更像是一种嗡嗡声，它一直在运行，只是在我们的意识之下。当这些情绪在大脑皮层（大脑中更复杂、更进化的部分）中得到处理时，我们就能用语言来表达这些情感，而这就像给歌曲加上歌词一样。

这种关于思想是如何产生的观点，与人们过去把大脑看作一种以固定方式运转的、齿轮环环相扣的落地式大摆钟的观点相去甚远。现在我们知道，思维模式是可以改变的。当然，大脑最容易重复相同的思维模式，这就像交响乐团反复演奏的旋律。但是，如果需要的话，通过练习，它可以被训练成演奏其他曲调。

虽然对管弦乐队和你的大脑来说，保持演奏核心曲目更容易，但随着时间的推移，我们的意识——乐队指挥——可以给乐手们提供新的乐谱，让他们学习，你的脑细胞也会因此连接在一起，形成不同的回路。

相信快乐由我们掌控

如果你曾经尝试过减肥，你可能会知道你的身体似乎总是会回到你某次上体重秤得到的数字上。即使你锻炼身体并改变饮食习惯，也需要付出很大的努力才能将刻度盘从它似乎"想要"停留的地方移开。研究表明，愉悦感也会回归平均值或设定值。

一些研究表明，这种状态约有 50% 是由我们的基因和童年经历决定的，约有 10% 是发生在我们身上的事情。剩下的大约 40% 由我们自己控制。其他研究人员则认为这一比例更低。但有一个因素使我们更有可能决定自己的快乐程度。那就是我们相信，我们对快乐是有影响力的。

在用于编制《全球幸福指数报告》的"追踪幸福指数"的一项调查中，1000 多人回答了一个问题——幸福是你能控制的吗？接着，他们被问道："如果回顾过去一年的生活，你会如何评价自己的幸福感？"令人鼓舞的是，89% 的人认为幸福是可以控制的。但值得注意的是，认为幸福在自己掌控之中的人，比认为不在自己掌控之中的人幸福三分之一。另外，那些认为幸福不是他们可以改变的人的痛苦程度是其他人的 5 倍。

因此，我们现在可以说，要想摆脱快感缺乏症，成长型思维模式是必不可少的。换句话说，如果你相信自己能做到，你就有更大的机会战胜"无精打采"。心理学家马修·基林斯沃斯（Mathew Killingsworth）博士研究了人们的环境、行为和其他因素是如何促进或削弱他们的幸福感的。他认为，我们比自己意识到的更自由，可以通过改变周围的条件来影响我们享受生活的程度。

他告诉我："有些人比其他人更幸福，但每个人都受到生活条件的影响。通过改变影响幸福感的条件，我们完全有理由期待幸福感本身会发生改变。"的确，大脑中与学习和记忆有关的区域长出新的神经元永远不会太迟，这可能意味着你对世界的看法永远不会太迟。

英国伯恩茅斯大学的神经科学家哈娜·布里亚诺娃（Hana Burianova）教授对我说："我们曾经认为，人出生后，脑细胞的数量是固定的。我们现在知道我们可以长出新的脑细胞。海马体是学习和记忆的关键区域，每天能够制造700个神经元，尤其是当你接触新的体验时。"简言之，我们现在似乎比以往任何时候都能意识到，未来的生活乐趣更多地由我们自己掌握。

我们无法回到过去，询问我们在本书开头提到的祖先，他们是如何享受生活的。即使我们能找到他们的遗骸化石，10万年后的他们也不会透露太多信息。我们可以肯定的是，我们的祖先的大脑比我们现在的大脑更适应环境。正如我们所了解到的，他们的生活肯定充满了挑战。首先，他们的寿命要短得多，能活过30岁已经很不错了。

但可以肯定的是，我们的祖先们在适应环境时，他们是精力充沛的，而不是无动于衷宛如行尸走肉。他们在户外生活，为了战胜掠食者和确保部落生存的共同目标与大约50名亲友组成的紧密团结的队伍生活在一起。

让大脑参与其中

在 21 世纪,我们的基本生存需求及其他一些需求几乎不费吹灰之力就能得到满足。我们的奖励回路被无数次地触发,以至于超负荷运转,没有任何愉悦的感觉。换句话说,我们感觉很无聊。

在野外生活一周左右后,即使是我们中最坚韧、最热爱大自然的人,也会渴望回到舒适的家中,那里有现代化的设施和相对安全的环境。在人类生存的大部分时间里,我们甚至不知道自己的大脑是用来干什么的。尽管现代生活在很多方面会让我们更难享受生活,但我们现在比地球上任何一代人都更了解大脑是如何工作的。

在过去的十年中,我们已经能够实时观察我们的思想是如何形成的,并查看我们的感觉和情绪的基础回路。简言之,我们终于可以窥探"表象之下的世界"。当我们看到当下的好心情是如何点亮大脑回路时,生活似乎不再像以前那样以拥有快乐的童年为条件。我们不再相信,我们需要挖掘过去的每一个角落,然后才能开始持续地感受美好(这在任何时候都是一个有用的练习)。

这一新认识意味着,我们正在让大脑重新与我们保持同一战线,而不是与我们作对。

看到好心情是如何通过身体产生的,可以让我们专注于此时此地。这是一种转变,将快乐视为我们可以有意识控制的东西。

拓宽视野

记住快乐是很重要的。它就像某种发光的独角兽一样伫立在我们面前，提醒我们必须不断努力。为了让我们感觉有所收获并抱有更现实的期望，以更细微的方式看待幸福是有帮助的。这意味着我们应注意所有有助于我们感觉良好的时刻，并珍视它们。

这可能是找到丢失的东西时如释重负的感觉，或是躺在伴侣怀里的安全感。这可能是欣赏清晨的咖啡香，也可能是在散步时注意到一只从未见过的鸟。这可能是与朋友谈笑风生，或是从YouTube上的演讲中得到启发，也可能是穿上心爱毛衣时的舒适感。所有这些都是感受美好的有效方式。不可否认，幸福是一种很难持续实现的整体状态，但在所有这些更小的时刻，只要我们认识到它们，幸福是完全可能获得的。我们陷入"无精打采"的原因之一，就是我们在美好时刻发生时不再注意到它们。

我们没有给自己时间去感受它们的奖励，或者回味和记住它。这要么是因为我们觉得没有时间，要么是因为我们的奖励系统变得迟钝。要想更长时间地注意到并留住这些美好的时刻，可以对身体进行"内感受"（interoception）训练，即注意身体如何对从五官获得的信息做出反应。因此，就"无精打采"而言，你要开始注意让你微笑、大笑或感觉良好的事物，并以此为提示，多加注意，多停留，多记录。

人类的大脑天生就会更多地注意到生活中不舒服、不愉快的时刻，如果我们不刻意采取措施去注意积极的时刻，那么我们就很容易被消极情绪笼罩。

原因在于，当负面的事情发生时，如我们收到一张违章停车罚单或者与爱人发生争执，我们会觉得这是一场必须应对的危机。就像我们的祖先更关注草丛中的蛇,而不是山脊上的日落美景一样。困难的时刻总会吸引我们更多的注意力,帮助我们在下一次避免危险。然而,只要能意识到,就能提醒自己不要屈服于它。

心理学家芭芭拉·弗雷德里克森(Barbara Fredrickson)教授将神经科学和人类学相结合,研究出了人们感觉良好的方式和原因。当人们看到自己喜欢看的图片(如小狗的照片),而不是椅子或桌子等的照片时,对他们眼睛虹膜的扫描结果显示,他们在这之后更有可能环顾四周更广阔的环境。"积极情绪会打开我们的意识,"弗雷德里克森在谈到她的"拓展—建构"理论时说,"它们扩大了我们的外围视野,我们能看到更多。因为我们看到了更多风景,所以我们看到了更多的可能性。相对于中性状态或消极情绪,当人们体验到积极情绪时,他们会有更多关于下一步可能做什么的想法。"弗雷德里克森教授说,向大脑输入积极情绪的效果就像黎明时分阳光照射在花朵上的效果一样,"它们会让花瓣张开,沐浴更多的阳光"。

在快感缺乏和抑郁的情况下,我们的注意力范围也会缩小,这时我们往往不再关注外界,并远离那些能让我们感觉良好的经历。下一部分,我们将探讨为大脑提供积极情绪的科学方法,让你能够开始舒展身心。

◀◀◀ 第 / 二 / 章

快乐由你自己创造

讽刺的是，我们谈论着"让"（make）我们快乐的事情，却忘了快乐是可以"创造"（making）的，因为我们通常觉得快乐会从天而降。

但正如你将看到的，你不用等待外部环境发生变化，就能让自己每天都感觉好一点。在我们着手研究如何摆脱快感缺乏症并让自己感觉更好之前，让我们先解决一些可能会阻挡我们前进的障碍。

快乐的最大敌人

我们必须接受这样一个事实：如果你一直处于压力之下，那么你将很难摆脱"无精打采"的状态。适度的压力会推动我们前进。遇到危险时，肾上腺素的激增促使我们奔向安全地带；皮质醇的升高则会催促我们早上从床上爬起来，并激励我们去应对挑战。但持续高水平的肾上腺素和皮质醇会让我们的身体始终处于高度警觉状态，这会阻碍使我们感觉良好的激素发挥作用，并抑制大脑的奖励回路。在长期不间断的压力之下，我们就会进入生存模式，无心再欣赏周围的美好事物，而这些美好事物本可以为生活增光添彩。

如果你觉得自己从来没有时间享受生活，那么你首先可能需要退一步。

简言之，压力是快乐的最大敌人，也是导致快感缺乏症的主要因素之一。在生存模式中，你要努力回击每一个飞跃球网向你过来的球——新要求，以保持游戏状态。如果球来得又快又多，你就永远没有时间停下来。你可能会告诉自己，你只需要打好下一场比赛，但不知何故，球还是源源不断袭向你。

永远消除生活中的所有压力是不可能的。但是，根据你现在所了解的情况，现在正是花一些时间来了解自己真正需求的好时机。正如家庭教育家罗伯·帕森斯（Rob Parsons）所指出的："慢下来的日子不会到来。"我们每天都有同样多的时间，只要稍加调整，我们都有能力改变如何度过这些时间以及我们的优先事项。

退出游戏足够长的时间，让自己喘口气，哪怕只是让自己度过一个不受干扰的周末。将社交媒体静音，重置你的皮质醇水平，然后尝试探索一个新的环境，以获得一些新视角。只有在平静的状态下，你才能决定是否要继续按照之前同样的规则行事。

为美好的感觉创造空间

苏珊娜·奥尔德森（Suzanne Alderson）经营着一家名为"育儿心理健康"的慈善机构。该团体的服务对象是这个星球上压力最大的人群——有心理健康问题的儿童和青少年的父母，他们常常对孩子的自杀企图和自残行为时刻保持警惕。有时，在Facebook的小组社区里，这些父母所承受的压力、痛苦和内疚，会让人感到肉体上的痛苦。苏珊娜在经历了自己14岁的女儿试图自杀的时期后，提醒这些父母，即使在最困难的情况下，他们也必须抽出一些时间来享受生活。

苏珊娜说："具有讽刺意味的是，我的快乐回归发生在2015年我女儿企图自杀的时候。专注于娱乐、友谊或我们曾经拥有或期望拥有的生活，让我感觉这是对她的痛苦的终极不忠。任何快乐的时刻都离开了我们的生活，因为我们只专注于最重要的事情——她每天醒来。我很快就发现，专注是一件好事，直到它变得无所顾忌。当我们所面对的一切渗入每一个有意识的时刻、每一个选择和每一个想法时，我从未感觉到自己离我拼命想要保持的状态——活力——越来越远。

"因此，我屏蔽了自我判断以及恐惧和悲伤，致力于我现在所说的基本维护，以减轻悲伤和恐惧，并时刻提醒自己，只有给快乐留出空间，我才能有足够的资源成为她生病时需要的耐心妈妈。这样做并不意味着我不在乎，也不意味着我自私。它们促使我更加关心她。她的需求和我的需求是对等的，即使我经常需要先满足她的需求。满足一个并不意味着我不能满足另一个。

"在我开始与育儿心理健康社区分享之后，感恩就成了我的日常练习。这个社区是我2016年创立的，对许多父母来说，当有如此多的痛苦和不确定性需要处理时，不论是过去还是现在都很难心存感激。但是，寻找我们所感激的事物这一行为可以为我们开辟出空间，让我们进行积极的反思，让我们看到仍然有可能实现的快乐感，并让我们回归自我。

"对我来说，最大的乐趣之一来自社区。为3万名家长提供空间，与他们建立联系为我提供了动力，它改变了我的生活，也改变了我对重要事物的看法。我们并不总能以最好的状态与对方相遇，但我们总能因类似的经历共情。我们每天的真实情况正是我们产生最深刻理解的地方。我们必须允许自己这样做。超负荷和不堪重负可能意味着，即使只是想到感受快乐，也会觉得是对我们所爱的人承受的痛苦的不忠，以至于我们没有精力去寻找快乐。我们已经把时间都用在了担心那些无关紧要的事情上，以及那些并不关心我们的人上。

"情感和身体上的疲惫让我选择亲近大自然。当我赤脚站在草地上时，我可以通过这些方式与自己和大自然保持片刻的联系，然后再回到繁重的工作中，为处于困境中的家人提供支持。

"这对我来说足够重要，对其他人来说又足够微不足道。我现在不在乎别人怎么看我在生活中寻找快乐的时间。它们给了我继续关心的动力。不管是和朋友一起为一件对大多数人来说都无关紧要的傻事捧腹大笑，还是吃到自己亲手种的东西时的成就感，抑或是看到整洁的抽屉而悄然绽放的喜悦，只要我们允许自己拥有，快乐就在我们身边。"

内疚是如何阻碍我们前进的

对我们许多人来说，生活是艰难的。问题在于，我们往往觉得自己必须不停地战斗，努力让事情变得更好。正如苏珊娜指出的那样，我们拒绝享受生活的机会，就会陷入不知所措的境地，让自己更没有能力面对挑战。此外，如果我们失去了与自己所爱的人在一起的快乐，我们也会感到羞愧。如果我们不为与朋友、父母、伴侣、子女或孙辈共度时光的快乐而感动，我们就会认为自己是可怕、无情的心理变态者。

心理学家拉米·纳德博士提醒那些患有快感缺乏症的人，这并不是一种性格缺陷。他说："当我与客户一起工作时，他们经常会对自己感到沮丧和不安。他们认为如果自己是好父母，就不用强迫自己享受与孩子玩耍的乐趣。这会让他们感到自责、困惑、害怕或苦恼。也许他们没有给朋友回短信是因为他们不想回。但是，他们不想做这些事情并不是他们有什么问题。这是一种症状。改善的第一步就是让他们放自己一马，接受这是一种快感缺失症。这不是他们不好，也不是他们的朋友不好。"

倾听内心的声音

正如我们在第一部分学到的，大脑进化的目的是预估威胁。当它帮助我们在充满敌意的捕食者环境中生存下来时，它的作用是巨大的。尽管在下一棵树后面不再有潜伏的超大型食肉动物，但我们的大脑却倾向于认为好像它们仍然存在。我们在沙发上可能很安全，但我们仍然会花很多时间思考可能发生或不可能发生的事情。

通过大脑扫描最终找到了这个内心恐惧者在大脑中的居住

地——一个被称为"默认模式网络"的区域回路。它从大脑后部一直延伸到前部，穿过前内侧前额叶皮层、后扣带皮层和角回。

当你的大脑不积极从事它需要集中精力做的事情时，你就可能会陷于这个区域回路。因此，如果你有一个艰难的童年，它可能会让你更加愤世嫉俗、忐忑不安。除非你意识到这一点，否则它可能就是那些说你不值得快乐或你的生活再也不会有乐趣的来源。如果你正在经历快感缺乏症，那可能是内心的批评者告诉你，享受自己是自私的。如果任由它肆意喧哗，不加制止，它就会让你失去好心情。

那么，我们为什么要忍受它呢？首先，我们大多没有意识到，我们并不一定要听它说的每一句话。我们认为这只是"我们自己"的问题，事实上，它往往是我们多年来惯用的思维模式。其次，我们内心抱怨的声音能让我们感觉更有控制感。我们内心的评论者会欺骗我们，让我们以为通过担心某件事情或去做一些事情，我们就能解决问题。而大多数时候，我们只是在胡思乱想或者让同样的想法在我们的脑海中转来转去。

关注它在说什么。

如果它一直在给我们的好心情设置障碍，那就把它移到一边。是时候决定活在当下，而不是透过它呈现给我们的来看待生活了。

心理学家马修·基林斯沃斯博士指出，我们醒着的时候有一半时间都在胡思乱想。虽然在一定程度上大脑需要提前计划，但默认模式网络中过多的活动会影响愉悦感。基林斯沃斯博士认为:"走神的反面是完全活在当下——将所有的注意力和精力都集中在当下。我的研究表明,当人们全神贯注时,他们会更快乐、更有生产力、与社会联系更紧密。"

你不妨试试这些方法来停止沉思:

找到断路器:以色列的一项使用 MRls 扫描仪进行的研究发现,如果人们默念"Echad"(在希伯来语中意为"一")这个单词,他们的默认模式网络回路就会失灵,从而停止沉思。以色列海法大学的心理学教授阿维娃·贝尔科维奇-奥哈纳(Aviva Berkovich-Ohana)说:"当人们说'一、一、一'时,默认模式网络中在休息状态下活跃的一切都被关闭了。"

改变环境:当你发现自己陷入消极思考时,改变一下你所处的环境。卧室等地方是人们容易沉思的地方,容易让人陷入无益的思维模式中。同样的环境暗示会让你产生同样的想法。《碎碎念:脑中的声音、它的重要性以及如何掌控它》(Chatter: The Voice in Our Head, Why It Matters, and How to Harness It)一书的作者伊桑·克罗斯(Ethan Kross)教授认为:"如果我们在如何与周围环境相处方面做出明智的选择,它们就能帮助我们控制内心的声音。"

试试 90 秒法则:当沉思阻碍你获得快乐时,有一个工具可以让你更好地控制沉思,那就是 90 秒法则。这意味着当你大脑中的神经化学物质释放时,你要更加注意观察它们给你带来的感觉,然后等待它们过去。神经科学家吉尔·博尔特·泰勒(Jill Bolte Taylor)说:"当一个人对周围环境中的某些事物产生反应时,体内会有一个90秒的化学反应过程。在这之后，任何剩余的情绪反应都只是因为你选择留在那个情绪循环中。外部世界发生了一些事情，会导致化学物质冲入你的身体，使你的身体处于全面警戒状态。

"这些化学物质完全冲出体外的时间不到90秒。这意味着在这90秒内，你可以看到这个过程的发生，你可以感觉到它的发生，然后你可以看着它消失。

"之后，如果你继续感到恐惧、愤怒等，你就需要审视自己的想法。这些想法正在重新刺激电路，导致你一次又一次地产生这种生理反应。"

转移：到大自然中去，重新转移你的注意力。无论我们的世界发生了什么，大自然都是永恒不变的。当你决定关注它时，你总能发现一些美好的事物。它能让你重新审视生活。2014年的一项研究发现，当人们漫步在绿地中时，他们的沉思会减少。即使是15分钟或更短时间的漫步也能起到作用，这可能是因为漫步的时间足以提醒我们，无论面临什么挑战，大自然依然会保持它的超然。

总的来说，要区分担忧、焦虑和压力：如果你开始挖掘和识别自己的情绪，而不是让它们像雾一样在你的脑海中翻腾，你就会感觉生活更容易掌控。

让我们来看看如何区分快乐的三大敌人：担忧、压力和焦虑。

担忧是指思考如果我们不做某件事会发生什么。压力是对环境中某些事物的长期生理反应，如工作、持续的负担或健康问题，它们有时会让你感觉无法应对。焦虑是对你在头脑中想象或放大的事物的担心，会触发你的神经系统，让你觉得那些未发生的好像已经发生了。

简单来说，我们可以把担忧视为解决问题的邀请；把压力看作采取措施减轻负担的建议；把焦虑当成一种信号，弄清楚哪些是真正要解决的问题，哪些是想象出来的问题。在这三种情况下，察觉、表达并回应这些感受和经历有助于我们驱散负面情绪。

◀◀◀ 第 / 三 / 章

找回快感的方法

战胜快感缺乏症的关键在于找到动力,可以出去做一些能让你感觉更好、更有活力的事情。毕竟,快感缺乏不是抑郁症,它只是让你逐渐远离了那些使生活充满乐趣的活动。总的来说,就是你在一天中会感受到更多的负面情绪。患有快感缺乏症的人也将这种状态形容为"内心死寂"。这意味着你要找出生活中什么对你来说是重要的,什么能让你感觉活力充沛,并明确什么是阻挡你前进的障碍。

感觉良好可不仅仅是因为玩得开心。如我们所见,这是大脑和身体中多种与感觉良好有关的神经递质和激素协调作用的结果,其中最广为人知的是多巴胺、血清素和催产素。

滋养大脑

好消息是,除非大脑的奖励系统因成瘾、脑损伤或长期重度抑郁(在这种情况下,你需要寻求专家的帮助)而受到严重破坏,你会有很多办法来重新调节激素水平。有意识地通过产生情绪的五感来给大脑提供一系列更积极的体验,你就能改变自己的整体情绪状态。

把它想象成用勺子给你的大脑喂食一种新的食物，或是自我体验，从而提高你的快乐激素。记住，既然你了解了生物学，你就站在了生物学的一边。我们的大脑一直在努力实现神经化学平衡，因为没有一种神经递质是独立工作的——它们会对其他系统产生连锁反应。

通过从内心创造快乐，我们可以让自己的大脑找到它渴望的自然平衡。正如神经科学家坎达斯·佩特（Candace Pert）所说："我们每个人都有自己最好的药店，以最低廉的价格提供我们身体和心灵所需的所有药物。"

当你看不到意义时，就很难激励自己。一开始很难，但我通过寻找新的体验来走出我当下的环境，从而坚持了下来。每周，我都会给自己定一个约会，去我以前没有时间去的地方，如博物馆和公园。我喜欢一个人去，这样我就能欣赏到一切，而不用担心其他人。我特别注重小细节，甚至还带了素描本，这样我就能真正品味我喜欢看的东西，而不是匆匆一拍上传 Instagram 就忘了。

——贾娜，55 岁

好心情因素

在现代工业化世界中，当人们被要求列出让他们感到快乐的事情时，答案往往异常一致。以下是人们在接受调查，了解什么能让他们感觉良好时最常见的一些回答：

躺在床单刚刚洗过的床上；

感受阳光洒在脸上；

喝一杯新泡的茶或咖啡；

与一本好书相伴；

拥有属于自己的时间；

闻着新鲜面包的香味；

享受按摩；

仰望天空；

享受沐浴后的洁净感觉；

播放自己喜欢的歌曲；

淘到便宜货；

在室内聆听雨声；

洗一个长长的热水澡；

闻刚割过的青草味；

逛书店；

品尝巧克力；

到户外活动；

做一些运动；

看到狗把头伸出车窗外；

使用新的清洁海绵；

一觉醒来，发现自己有一天假期；

享受刚刚整理好的房间；

烤蛋糕；

戳破气泡膜；

在海里游泳；

旁若无人地跳舞；

闻美酒；

工作结束后，打开你的下班留言；

穿上新袜子或新内衣；

洗澡时唱歌；

在拥挤的公交车或火车上抢到座位；

打开新瓶子时听到"啪"的一声；

赞美他人；

欣赏美丽的照片；

在待办事项清单上打钩；

在家中感到安全和温暖；

亲手制作物件；

使用新文具；

抢购特价商品；

观看喜剧片段；

围桌共进晚餐；

整理抽屉；

深夜与朋友聊天；

忙碌一天后回家；

计划假期或请客；

观看音乐表演或音乐视频；

逛农贸市场；

重温喜爱的电影；

抚摸宠物；

照料植物；

绘画／涂鸦／填色。

浏览一下清单，看看你是否同意其中的任何一条。给那些让你感觉良好的选项打钩，然后给那些如果你想做的话今天就可以做的，或者今天做不到而第二天就可以做的打双钩。

它们有什么共同点？它们中大多数需要动用感官，少数则与成就感或包含些许惊喜的元素关联。许多活动所需的启动能量或完成某件事的基本动力并不比你早上起床所需的能量多。

这份清单还显示，我们可以多么迅速地转向能让我们感觉良好的活动。我们常常说服自己，需要采取改变生活的行动，如重启事业或人际关系，让快乐的化学物质重新流动起来。我们还倾向于认为好的感觉必须是自发产生的。根据研究员埃里克·加兰（Eric Garland）2010年在《临床心理学评论》（*Clinical Psychology Review*）期刊上发表的一项研究可知，大多数人根本没有意识到"积极情绪可以有意识地自我产生。如果'细细品味'，即使是最短暂的日常瞬间，也能累积螺旋式上升的积极情绪"。换句话说，如果你给大脑更多振奋人心的体验，就能让它有机会找到快乐。

事实上，人们很容易低估每天做出微小改进的价值。当你的大脑回路和化学反应开始发生变化时，你的心情也会随之改变。你可能不会注意到，每周甚至每月你的心情都会好上百分之一，但随着时间的推移，这些改善都会累加起来。现在你可以想象让人感觉良好的化学物质是如何在大脑中流动的，你可能会感觉你能控制它们。研究发现，自我产生积极情绪只需七周时间，就能减轻情绪低落的症状。

我想明白了，即使我对新事物没有喜悦感，我也可以对它们充满好奇。在我等待好心情重新回到我的生活中时，这种态度对我很有帮助。

——内森，43 岁

我不再做自己不喜欢的事情，而选择多做自己喜欢的事情。我开始参加一些活动，如参加当地的跑步俱乐部或去剧院，直到它们成为我喜欢的习惯。

——乔恩，43 岁

这也被称为行为激活疗法，有两个简单的原则。第一个原则是，做事情，不论做多么微小的事，总比什么都不做要好。第二个原则是，不要等到感觉好些了再去做。这也可以理解为，去做与快感缺乏症患者所做的相反的事情。匹兹堡大学精神病学教授埃里卡·福布斯（Erika Forbes）说："我们知道，患有快感缺乏症的人不会期待其他人可能会觉得愉快的事情，除非他们把自己放在尝试某件事情的位置上，否则他们就不会有机会去享受它。"波士顿大学焦虑及相关障碍中心的临床心理学家埃伦·亨德里克森（Ellen Hendriksen）博士说："这就像是假戏真做。它之所以有效，是因为它建立了一个正反馈循环。大脑会影响你的行为，但行为也会影响你的大脑。所以，做你喜欢的事情，即使你不能马上感觉到效果。不要局限于事情的大小，它可能只是像一滴水这么小，但一滴一滴就能汇成大海。"

跟踪进度

在你开始行为激活之前，先记录下你现在的状况。如果改善的幅度很小，你很难察觉到自己的心情变好了。如果你不记录自己的进步，你可能真的不会注意到自己的情绪发生了多大的微妙变化。如果你的胳膊骨折了，需要理疗，每次治疗时，治疗师都会将你的力量和灵活性与上次进行比较，让你知道自己的进步。让你感觉自己有实实在在的进步，这在帮助你庆祝进步的同时，也会鼓励你继续做练习。

同样重要的是，要跟踪我们的心理健康，要继续做那些能让我们感觉更好的事情。利用我们在前几章中提到的工具，每天对自己的情绪进行监测，你就会发现任何细小的变化。如果你还没有开始监测自己的情绪，现在就开始吧。

重新享受生活的感觉往往会悄然而至。听到自己喜欢的歌曲时，你可能会有好久没有过的想跳舞或唱歌的感觉；当你听到一首你喜欢的老歌时，你的皮肤可能会再次起鸡皮疙瘩，你甚至会更容易哭泣。这表明你的情绪正在疏通，转瞬即逝的幸福时刻可能不会像以前那样迅速消逝。

克服其他障碍

如果我问你一个简单的问题："你喜欢做什么？"你可能会深入思考并试图找到答案。问题是你为什么不多做一些喜欢的事呢？这就是快感缺乏症如此狡猾的原因。它会让你产生一种无助感和绝望感，使你失去动力。毕竟，如果做让你感觉良好的事情那么容易，你早就在做了，不是吗？如果你已经有一段时间感觉"无精打采"了，那么现在你的脑子里可能会有一个自动收报机在播放："何必呢？有什么意义呢？"

快感缺乏症不仅会削弱你的动力，还会让你原地踏步。认知行为治疗师纳维特·谢克特说："我们常常觉得，要做一件事，就必须有动力。虽然这可能会有所帮助，但如果你正在经历快感缺乏症，缺乏行为动力，那么在没有动力的时候做事情也能打破这种循环。努力实现一个目标或做一些有潜在回报或有成就感的事情，会对身体和激素产生影响，并因此改变你的感觉。"

我还需要多久才能享受生活

心理学家拉米·纳德博士将行为激活比作使用老式水泵从井中取水。"井底有水，你想把它抽上来。一开始，你摇动手柄，什么也抽不上来，但还是会继续。最终，你会得到回报的。所以，如果你以前喜欢画画，那么重新开始的方法就是'小步快跑'。比方说，你开始只花 5 分钟画画，你可能一点也不喜欢。你要做的是专注于'做'，而不是'感觉'。然后你把画画的时间延长到 10 分钟，再延长到 15 分钟。我的很多客户会说：'我不能漫不经心地坐下来画 5 分钟。如果我不喜欢它，也没有任何乐趣，我为什么要继续呢？'因为问题的关键不在于享受，而是要坚持下去。只有这样，你才能重新找回乐趣。"简言之，如果你的奖励回路中断了，它们需要时间重新连接起来。

克服让你无所作为的反对意见

正如我们所知道的，当我们内心的声音说话时，我们往往会倾听。毕竟，这是对你所做的一切进行逐一评论的旁白。我们倾向于认为它在帮助我们，它在帮我们弄清发生了什么，我们应该做什么。但是，随着时间的推移，它可能已经形成了自己的语气和性格。如果它的语气变得消极，你就很难摆脱它对你生活的持续悲观影响。很多时候，我们已经养成了消极思考的习惯，甚至不管自己在做什么都会消极思考。

有一种方法可以阻止你享受生活的消极思想的螺旋式上升，这个过程可以概括为"抓住、检查、改变"。例如，你可能已经陷入"没有什么能让我快乐"或"我从来没有真正享受过社交场合"这样的想法太久了，以至于这都成了一种自我实现的预言。

假如你即将参加一个大型社交活动，但你还没参加就已经开始担心它不会达到你的预期。你可能会认为，预见到可能发生的问题并想好解决方案就意味着你不会遇到任何令人讨厌的意外。其实，你想让自己免于失望的痛苦。

也许在童年时期，你从未见过身边有很多有趣的人，或者你经常觉得自己被冷落，甚至在成年后也不自觉地让自己扮演这样的角色，所以你并不觉得这会有什么异样。然而，这可能会成为一个恶性循环，因为你从不指望自己会享受社交场合，所以你压根儿不会享受。毕竟，在这种阴郁的对话中，谁还会享受社交呢？不管是什么原因，如果你能开始注意并挑战这些想法，通过事实核查程序，并给予自己更多的自由，让自己敞开心扉去接受新的体验，这将会对你有所帮助。

认知行为治疗师纳维特·谢克特说，如果你因为感觉"无精打采"而选择放弃那些能让你感觉更好的经历，那么训练自己重塑这些想法是很有帮助的。想象一下，你即将迎来一个重要的社交活动。在几天前，你每次想到它都会觉得胃里一阵翻腾。但你觉得无趣，你坚信自己不会喜欢，所以你现在想的是不去。首先注意身体上的这种感觉，把它看成你需要解决这个想法的线索。改变的第一步，记录、捕捉这种想法并写下来，而不是任其循环。

你可以通过这样写来总结自己的想法，如：我真的不想参加这个活动，因为我从不喜欢参加聚会，我总觉得自己被冷落了，我觉得自己被评判了，我打赌没有人愿意和我说话。把你的想法写在纸上或电脑上，你就可以检查这些想法有多准确了。接下来，问问自己这种想法的背后是什么感觉。为了顺利进行这一过程，你可以对照经常出现的负面想法或偏见的主要类型来进行总结。

总是思考：这是一种以偏概全的倾向，把单一的负面经历视为普遍规律。适用于"我参加过很多垃圾派对。所以，我认为所有的派对都被高估了"这种想法。可以通过"派对各有各的不同。有些派对还是不错的，并非所有派对都是无聊的"这种想法进行重塑。

悲观主义：在事实扭曲的情况下，你会立即得出最坏的结论，导致焦虑迅速升级。适用于"如果我在任何时候都没有人可以倾诉，那将会非常糟糕和尴尬"这种想法。可以通过"在派对上，我总是会感到无话可说。如果我对其他人友好、坦诚，这种情况通常不会持续太久"这种想法进行重塑。

忽视积极因素：你的消极偏见意味着你会忽视任何积极的事情。即使有积极的事情发生，你也会告诉自己这不算数。适用于"我上次参加派对时跳得很开心，但我宿醉得很厉害，第二天感觉很糟糕。总的来说，这次经历并不好"这种想法。可以通过"上次参加派对跳舞很开心，但我宿醉得很厉害，第二天感觉很糟糕，这太可怕了。但派对本身真的很有趣"这种想法进行重塑。

读心术：你相信自己可以预测事情会如何发展，人们会如何反应，并得出最坏的结论。适用于"派对上不是每个人都乐意见到我，也不是每个人都对我友好，所以我宁愿不去"这种想法。可以通过"我不知道人们会对我的出现有什么反应。但我没有理由认为，他们见到我会不高兴，有可能会有一些人会对我很友好"这种想法进行重塑。

个人化：在事实扭曲的情况下，你会倾向于相信你所感受到的任何事情都是真实的，都是与你有关的，而实际上它是与其他因素有关的。适用于"上次活动中和我说话的一个人后来不理我了，这说明人们不喜欢我。他们一定觉得我很无聊"这种想法。可以通过"晚上我和一些人进行了交谈，他们对我说的话很感兴趣，似乎很喜欢我。我不知道那个人为什么不理我，也不知道他们的感受是什么"这种想法进行重塑。

感性推理：最好的概括就是，"因为我感觉到了，所以它一定是真的"。适用于"我在派对上很不自在，这意味着每个人都在批评我"这种想法。可以通过"我认识的新朋友不一定会对我有负面评价。大多数人更担心的是自己，而不是别人。我是一个独一无二的人。有些人会和我合得来，有些人则不会"这种想法进行重塑。

高期望值：在你的大脑中运行着一个剧本，对人们应该如何行动、情况应该如何发展抱有很多期望。当他们没有达到你的期望时，你就会感到恼怒和不尊重。适用于"派对本应充满乐趣，但我却唯恐避之不及，因为有时它们并没有达到预期的效果"这种想法。可以通过"如果所有派对都只有欢乐就好了，但这并不总会发生。大多数派对至少有一些有趣的部分"这种想法进行重塑。

现在，让自己与自己的想法保持一定的距离，并将它们与这些偏见进行对比，你就可以问自己了："我对这种情况的判断公正吗？"这需要练习，一开始，你与治疗师一起养成重构的习惯会更有帮助。

为了方便起见，请将上述最常见的思维错误保存在手机或电脑桌面上，这样你就可以将身体中感受到的任何忧虑通过这样的过程来排查。

一次只针对一种想法。随着时间的推移和坚持不懈的努力，你一定能学会改变自己的思维方式,开始相信自己和其他人一样有权享受生活。

为情绪"充电"

研究发现,快感缺乏症患者可以从一种更有针对性的行为激活疗法中获益,这种疗法被称为"积极情绪疗法"。这意味着找出你在生活中最喜欢做的事情,思考其中的积极因素,期待着去做,然后真正地沉浸在体验中。

在阅读本部分时,请收集至少四种消遣方式,如演奏乐器或参观博物馆。选择那些通常会让你感觉良好、快乐和满足的活动。比如说,如果你仍然觉得走出家门很困难,那就想象一下自己正在做这件事。人脑有时候无法区分现实和想象,这样你就成功了一半。想象中的经历对奖励系统有强大的影响,这就是加州大学洛杉矶分校的快感缺乏症研究人员给人们戴上虚拟现实头盔的原因。当他们透过护目镜观看时,他们可以看到自己与海豚一起游泳、乘坐火车穿越森林或庆祝自己喜爱的足球队获胜。科学家们相信,通过对志愿者进行培训,让他们真正接受身边发生的积极事情,他们会更有动力在现实生活中计划有趣的活动,并注意到他们身上的优点。

但回到现实生活中,假如你计划的活动是去当地的喜剧俱乐部,那么事先准备好衣服,计划好你要穿什么,安排好行程,这样你就更有可能做到。一旦你参加了喜剧之夜,注意一下周围所有笑得开心的人。当你回首往事时,请关注晚会中你喜欢的部分。

它们是否比你想象的更让你感到轻松、更愉快？养成预想有趣活动的习惯，在外出时细细品味，然后在活动后欣赏，这样你就会唤醒奖励系统的三个阶段。

保持好心情

有人说："改变当下，其他的也会随之而发生改变。"你可能无法减轻生活中的所有压力，但你可以将其暂时搁置几分钟，甚至一两个小时。转移注意力需要用心、练习和耐心。

一旦我们开始体验到快乐，克服快感缺乏症的下一个挑战就是学会如何抓住这些感觉。这意味着要采取积极措施，训练大脑注意并延长这些感觉，就像训练肌肉一样。记住，如果它们消失了，你会怀念它们。这不仅仅是"闻闻玫瑰花香"的建议。一项研究发现，大脑腹侧纹状体区域的长时间激活与维持积极情绪和奖励直接相关。那些通过集中精力和品味奖励时刻来维持这些水平的人，心理健康水平较高，压力激素皮质醇的水平也会比较低。

大脑一次只能处理一个想法。因此，在这一刻停留5秒钟或更长时间，注意体验中的一切。如果你的思绪开始游离，就试着重新集中。在2012年的一项研究中，大学生被要求参加一项名为"用心摄影"的品评活动。学生被要求在两周内每周两次每次拍摄至少五张他们一天中的照片，包括他们的朋友、他们最喜欢的校园风景、他们正在阅读的书籍。结果如何？他们更加享受大学生活，对大学也更加感激。

当我处于快感缺乏状态时,我常常宁愿躺在床上,也不愿去任何地方。虽然这在几秒钟内会让我感觉好些,但不会持续太久,接下来我就会感到恶心和困倦。即使下床会让我痛不欲生,但我知道我只要一用力,通常就会感觉好一点。即使我一开始并不想出去走走,但我一旦鼓起勇气从书桌旁离开或从沙发上站起来,我就会发现10分钟后,我几乎无论做什么事情感受都会好一些。我很快就意识到,减少散步的次数,不会让我的心情变得更好。

——托里,52岁

找到自己的心流

如果你正处于快感缺乏状态,那么开始享受你所做的活动是非常重要的。虽然一开始你可能会感觉难以实现,而且需要一定量的练习,但有一种速成的方法,那就是以"心流"为目标。

近年来,"心流"被视为大脑体验的"圣杯",因为在进入这种状态的过程中会产生许多令人感觉良好的化学物质。史蒂芬·科特勒(Steve Kotler)在《跨越不可能:如何完成高且有难度的目标》(*The Art of the Impossible: A Peak Performance Primer*)一书中说:"心流可能是最大的神经化学鸡尾酒:这种状态似乎混合了大脑中6种主要的快乐化学物质(多巴胺、去甲肾上腺素、催产素、血清素、内啡肽和安乃近),而且可能是为数不多的同时获得这6种化学物质的情况。这种强效组合解释了为什么人们将'心流'描述为他们'最喜欢的体验',而心理学家则将其称为'内在动力的源代码'。"

由于大脑非常消耗能量，这种专注的状态意味着没有能量留给自我批评的声音。这种感觉很好，因为你会获得一种自由感。仔细想想，当你全神贯注时，你可能是最快乐的，如在愉快的交谈中，或者在需要保持专注的运动中。

要找到"心流"，就要寻找那些需要你百分百投入的活动。关掉电子邮件和社交媒体，静下心来做一件能让你筋疲力尽但又不至于让你感到压力的事情。

"心流"很难达到，因为达到"心流"必须同时具备一些不同的条件。但是，如果你能找到一项你喜欢的活动，通常是一种爱好，其中包含一个小挑战，然后关闭所有干扰，就能达到目的。

锁定美好时刻

正如我们所知道的那样，当你不再期待、不再喜欢，你就不会积极地记住你的经历。因此，你就不太可能再做这些事情，就会出现快感缺乏症。锁定经历的一种方法就是感恩。我看到大量的科学研究表明，练习感恩会产生巨大的影响。

我理解为什么谈论感恩会让人咬牙切齿。从远处看，感恩可能听起来像是只有氛围良好这种有毒的积极性。毕竟，如果有人告诉你要心存感激，你很容易听出这是在暗示你并没有心存感激。

即使有一点是真的，你的第一反应是想让他们走开。

别人告诉你必须心存感激，这听起来也像是对你生活中经历的困难的否定，但这种愤世嫉俗的态度阻碍了我们收获感恩的真正益处。人们一次又一次地发现，感恩是让人感觉更好、更珍惜经历的最有效方法。简单来说，感恩就是在一天结束时写下你所感激的经历。

每天都心存感激，可以从几个关键方面消除"无精打采"。研究表明，它可以增加大脑奖励通路中多巴胺的分泌，提高血清素，增强对负面事件的记忆，使正面事件更加清晰。心存感激还能帮助你记录下美好时光，这样你就更有可能再次做同样的事情；你会知道，好心情是可以自己控制的。随着时间的推移，这种让大脑看到积极一面的再训练可以重塑你的思维模式。研究表明，感恩帮助把无聊的日子变成更好的日子，久而久之，还可以抵消消极偏见。

从什么时候开始，清点快乐变得如此不合时宜了？现在，每天醒来，我都庆幸自己有一个安全的家，有一个可以看到太阳或月亮的阳台。如果我发现自己在抱怨，我就会改变主意，想想是什么让我感到幸运。

——莉娅，58 岁

感恩对其他方面的帮助

感恩是一种实践，是我们应对现代生活中皮质醇升高问题的最佳缓冲剂。在现代社会中，我们被宠坏了，认为自己的所有需求都应立即得到满足。

当我们的默认思维变成只关注生活中的问题，而不是正确的事情时，就会缺乏感激之情。感恩会让我们重新关注到，如果我们开始多加留意,我们身边会有很多事情让我们感觉更好。现代生活的便利让我们大多数人觉得有权按照自己的意愿享受一切。我们很容易养成无病呻吟的习惯,感恩可以降低我们的忧虑回路,增强我们的好心情回路。研究发现,感恩还能降低血压和减少体内炎症,而炎症被认为是导致抑郁的一个因素。

2021年的一项研究发现,经常进行感恩练习的女性杏仁核活动减少,炎症细胞因子的分泌量大幅下降。发表在《个性与个体差异》(Personality and Individual Differences)期刊上的研究还发现,心怀感恩的人经历的疼痛和痛苦更少。

毫不奇怪,心怀感恩的人也更注意自己的健康。他们会更多地锻炼身体,定期去医院检查,因此也更有可能长寿。

简单的快乐

快感缺乏症咨询师兼研究员杰姬·凯尔姆为那些患有快感缺乏症和平缓期的人提供指导,她建议他们每天做15分钟的练习。这个练习包括做任何他们喜欢的事情,完成之后还要写下他们对这件事的感激之情。"即使你解决了根本问题,也可能需要几周的时间才能让感觉回路再次上线。"杰姬说。每天,想想生活中"简单的快乐",并把它们写下来。"简单的快乐是指如果你能感受到这些积极情绪,你就会感激、欣慰或享受的任何事情,如早上喝一杯咖啡、一只猫坐在你的脚边、你对某件事情哈哈大笑。重要的是,你要把它们写下来,因为这会在你的大脑中强化它们。最理想的是把它们设定为你大脑的例行公事。同时,你可以尽可能想出新花样，也可以重复同样的事情。寻找简单的快乐似乎能重新激活大脑回路。"

杰姬看到的问题是，人们因为认为没有效果而感到沮丧和放弃，实际上这可能需要几周的时间你才能感觉到不同。如果不期望马上就能享受到运动带来的乐趣，而是把注意力集中在一开始做运动的事实上，那可能会有所帮助。杰姬说："如果你一开始觉得做运动很困难，或者做运动似乎毫无意义，那就继续尝试。一开始你不会发现有什么不同，这就是最困难的部分，但这并不意味着没有效果。事实上，任何时候只要你在行动的路上，你就在建立积极的途径。只是我们中的大多数人会停下来，回到坏感觉中去，而不去践行感觉良好的行动。"

几年后，因严重的手术感染，为了挽救杰姬的腿，医生给她注射了大剂量的抗生素。随后，她克服了情绪低落，她说，最重要的是要培养一种成长心态，即相信自己有能力采取措施来改变自己的感觉。

"每个人都能获得快乐。我在治疗中度过了许多年，别人告诉我，我只能如此快乐，我只能处理我的问题，事情只能变得这么好。但我不相信这存在极限，我认为应该继续努力。"

在我被诊断出患有乳腺癌之后，我开始关注那些能让我感到快乐的事情，并把它们放在首位。你以为到了 58 岁，我已经知道自己喜欢什么食物、艺术、电影和消遣了吗？错了。和很多人一样，我依赖于习惯和过去的想法。如果你在这一切开始之前问我，我会说我最喜欢印象派绘画,因为我十几岁时参观过卢浮宫,它们让我大开眼界。但在我生病期间,我常和女儿一起参观美术馆,我们在中世纪美术馆里找到了更多的快乐和乐趣,那里到处都是画得栩栩如生的人类、一脸恼怒的圣人和自得其乐的龙,这些画通常都是用金箔渲染的。尝试新事物或重拾旧乐趣——真正关注自己的感受以及从中获得的真正乐趣,何乐而不为呢?如果有必要,可以列一个清单。然后尽可能多地将它们融入你的日常生活中。

——莉亚,58岁

其他表达感激的方式

写一封信:除了写下我们的感激之情,你把感激之情传递给他人,效果也会很好。在一项实验中,100多名参与者被要求写一封简短的感恩信给在某些方面影响过他们的人。信的样本包括给同学和朋友的感谢信。感谢他们在大学录取、求职和困难时期给予的指导。研究报告的合著者、得克萨斯大学市场营销助理教授阿米特·库马尔(Amit Kumar)说:"说谢谢可以提高一个人自身的幸福感,也可以提高另一个人的幸福感。事实上,由此提升的幸福感甚至比我们预想的还要高。如果双方都能从中受益,那我认为这就是我们在日常生活中更应经常采取的行动。"在更小的日常范围内,给你白天遇到的人积极的反馈,告诉他们工作做得有多好,或者花时间给你喜欢的东西打分。这样做将发挥双向作用。

提醒自己，活着是一种幸运：一项计算表明，你在这个时刻出生的概率是 400 万亿分之一。提醒自己，我们在地球上的时间不是无限的，人类的平均寿命只有 4732 周；提醒自己，现在就是开始享受生活的时刻。正如嘉柏·马特（Gabor Mate）博士所指出的："我们都处在死亡的倒计时中。"

重拾对音乐的热爱

为自己定量：不久前，寻找和播放音乐需要花费大量精力。现在听起来很老套，但如果你想听一首你喜欢的歌，你必须找到一家唱片店，翻开一箱箱黑胶唱片，付了钱，把它带回家，再把它从内外封套中取出来，放到你的唱片转盘上，然后，精确地把它去毛，把唱针抬到旋转的塑料片上。除此之外，每隔 15 分钟或 20 分钟，你还得站起来把唱片翻过来。我们现在知道，大脑中有一个非常重要的奖励前兆——那就是第一阶段的预期。现在你花几秒钟几乎就可以在手机上获得任何你想要的音乐。既然期待和多巴胺的释放是音乐享受的重要组成部分，那就给自己定个量吧。重置你的音乐多巴胺水平，把最喜欢的歌曲推迟到下周再听，然后用心聆听音乐的节奏、不同乐器的声音、音量的高低。如果干扰的想法开始悄然而至，告诉自己，你有权给自己的大脑放个假。

有一年多的时间，我对音乐漠不关心。即使是我最喜欢的艺术家也会让我心烦意乱。当我意识到问题所在时，即使在我不喜欢的时候，我也会试着去听新音乐，去看演出。几个月前，当我听到一首很久没有听过的曲子时，我发现自己脖子后面的汗毛都竖起来了，就感觉像有人把我塞了回去。

——菲利克斯，36岁

为音乐会做准备：对音乐产生积极情感反应的最佳方式之一，就是让自己身边的人也有同样的欣赏感受。试着去看你喜欢的艺术家的现场演出。当你听到你期待已久的歌曲时，你会获得更多的多巴胺。研究表明，如果你和一群人在一起唱，一起享受同样的音乐，你会释放出更多的催产素。

聆听自然：提高你的听觉敏度。尤其我们要注意大自然的声音，倾听鸟叫、微风或流水的声音。密歇根大学最近的一项研究发现，大自然的声音可以降低压力、促进内心平静和改善情绪。

重见五彩斑斓的世界

在阳光下行走：明亮的自然光能激发视网膜释放多巴胺，并能改善色觉。此外，阳光似乎还能增加大脑中多巴胺受体的数量。一项对68名健康成年人进行的研究发现，在过去30天中接受阳光照射最多的人，其大脑奖励区和运动区的多巴胺受体密度更高。

试试红光：伦敦大学洛杉矶分校眼科研究所研究人员认为，一种增强视网膜细胞活力的方法是每天看3分钟深红光。红光的波长是所有原色中最长的——650纳米，被认为能更好地穿透人体组织。研究发现，红光似乎可以刺激视网膜释放更多的多巴胺，从而改善视力。在这项研究中，志愿者被要求在两周内每天看 3 分钟来自 LED 手电筒的深红光。然后重新测试他们的视杆和视锥敏感度。红光对 40 岁以下的人没有影响，但对 40 岁以上的人的视力有明显改善，他们检测颜色的能力提高了五分之一。

多睡觉：多睡觉有助于让大脑有更多的精力来处理所看到的颜色。

我总是能通过世界的色彩来判断自己的心情。如果我感到疲惫和沮丧，我就像隔着一层灰色的纱布在看世界。当我感觉休息得很好，情绪高涨时，我就会真正注意到黄色、绿色和红色等颜色。

——妮娅姆，37 岁

增强嗅觉

当抑郁症患者完成一个嗅觉训练课程，在长达 3 个月的时间里有意识地嗅闻强烈的气味时，他们的抑郁症会明显减轻。嗅觉训练包括有意识地定期闻一闻独特的气味，如咖啡、大蒜、柠檬、香水，或者选择能唤起强烈记忆的强烈气味。在进行短暂的"兔子嗅"时要集中注意力，每闻一种气味要花 20 秒钟左右。研究人员认为，每天专注于同一系列气味会增加嗅觉神经元上受体的数量，从而让你增强体验感，如吃你喜欢的食物。

嗅觉障碍者慈善机构 Abscent 的克里希·凯利（Chrissi Kelly）说："嗅觉训练是一种在大脑中进行的训练。它的效果如何取决于你对这种技术的使用。就像任何一种康复训练一样，它需要长期进行。"克里希建议在一天中给自己机会进行嗅觉训练。她说："这可以包括闻有香味的植物，或者闻有香味的护手霜，或者闻厨房里食物的味道等。"

> 当我在花园里闻到薰衣草的香味时，我知道我又回到了正轨。我没有意识到我有多么想念它。
>
> ——塔维，47岁

唤醒你的味觉

用心品味：专心致志、心无旁骛地吃每一口食物。拿一小块食物，如葡萄干，看着它，拿起它，感觉它有多重，感觉它的质地，把它放在嘴唇之间，然后放进嘴里，专注于你咀嚼的感觉和味道，不要妄加评论，也不要考虑卡路里。在吞咽之后再想想它给你带来的感觉。每天至少尝试一次不同口味和质地的食物。

增添风味：香草和香料，以及醋和柠檬等食物味道浓烈，可以穿透我们的味蕾，并被我们的大脑深刻记录下来，即使我们的味觉已经变得迟钝，我们也记得它们的味道。

> 生姜、味噌、辣椒，我在食物上涂满这些东西，就是为了能尝到一些味道。
>
> ——克里斯，61岁

启动触觉

按摩：迈阿密医学院触觉研究所的创始人蒂芙尼·菲尔德（Tiffany Field）教授说："我们知道，按摩疗法可以减轻抑郁。我们认为这是因为在按摩疗法后，皮质醇减少，血清素增加，从而减轻了抑郁。拥抱、按摩和运动等会刺激压力感受器，压力感受器会传递到迷走神经。迷走神经是最长的颅神经，在人体中有许多分支。迷走神经活动的增加会使神经系统平静下来，它还能降低压力激素皮质醇的水平。"

> 有一段时间，我感觉自己的皮肤失去了知觉，似乎只有有力的按摩才能让我有所感觉。
>
> ——米卡，63 岁

减轻性压力：我们对性的渴望和享受程度与我们的精神状态密切相关。如果你的性冷淡与焦虑、自我评判和沉思有关，那么它就会干扰你的性生活。从减轻压力开始，与伴侣开始对话，让他（她）明白你并不是在拒绝他（她），这样你们就能一起重新享受生活。一旦你感觉到对方开始恢复欲望，想想有什么办法可以让对方更加期待。检查你的激素水平，确保你服用的任何药物都不会影响性反应。

延迟：如果性爱过程中的抚摸感觉不那么好，可以尝试感官专注或者当伴侣抚摸你时，你要注意自己的感受。至少在最初的性爱过程中，不要抱有过高的期望，你会有更多的自由去放松、欣赏和享受这种感觉。即使你们没有性生活，保持定期的非性爱抚摸也会减少皮质醇的积累，因为皮质醇的积累可能会影响你们的多巴胺水平。

播放音乐：音乐可以增强触摸和性爱的效果。在实验中，机器人用刷子抚摸志愿者前臂的皮肤。当播放志愿者认定的性感音乐时，他们会觉得触感更舒服。

控制抚摸速度：最令人愉悦的抚摸速度是每秒 3 厘米，因为这会激活一种名为"C- 触觉传入"的特殊神经纤维。利物浦约翰摩尔斯大学体感与情感神经科学组组长弗朗西斯·麦格隆教授说："这种神经纤维会唤醒大脑中与奖励有关的区域，它会影响催产素、多巴胺和血清素的分泌，其中催产素在我们的社交行为中起着至关重要的作用，多巴胺是大脑奖励系统的一部分，血清素则与快乐和健康息息相关；它还会影响身体的压力应对系统，并有助于降低我们的心率。"

◂◂◂ 第 / 四 / 章

利用与快乐有关的化学物质

当一些关键神经递质和激素失去平衡时,享受生活就会变得更具挑战性。虽然我们无法对其进行微观管理,但更好地了解它们的起伏状态以及我们能做些什么,这将有助于它们激发良好的感觉,克服"无精打采"。

多巴胺

多巴胺乐园沉浸式体验展在 Facebook 上打出的广告是:"进入一个完全无法抗拒的快乐世界。"参观这座位于伦敦国王路附近的互动式博物馆只需 30 分钟到 50 分钟,参观者不仅能沉浸在一个愉悦感官的空间里,还能拍出好看的影像上传 Instagram。它在 2022 年的年初推出时,利用了"多巴胺水平可轻易调节"这一观点。至于是否应该花 17.5 英镑去看投影着爆米花图像的墙壁和看起来像电脑屏保的风景图,那就见仁见智了。

但多巴胺如此流行是有原因的——"多巴"已成为青少年俚语,意为"生活中一切美好事物"。虽然大脑中可能有 100 多种不同的神经递质,但多巴胺被认为是最关键的,因为它驱动着大脑中最重要的奖励通路。(因此,如有需要,能调节多巴胺水平的抗抑郁药物更有可能被用于治疗快感缺乏症,而针对血清素的SSRIs则更多地用于治疗抑郁症。)

脑部扫描结果往往会显示,在快感缺乏症的病例中,腹侧纹状体的多巴胺反应会减弱,而腹侧纹状体是多巴胺神经元以及对奖励的预期和处理的枢纽。然而,由于此类测试无法广泛开展,多巴胺失调更多时候是通过症状来诊断的。因此,除了感觉无趣之外,多巴胺系统失衡的迹象还可能包括:

早晨起床比平时困难;

难以集中注意力;

做事拖拉,难以开始和完成项目;

性欲下降。

多巴胺一直在大脑中循环,因为当我们预期会得到我们喜欢的东西时,就会释放出更多的多巴胺。例如,一些研究表明,如果你觉得饿了并吃了一些食物,会使你的多巴胺水平比基线高出150%。玩电子游戏会让多巴胺水平飙升175%,性爱会让多巴胺水平飙升200%。

但多巴胺并不能长时间保持在基线以上。它只需2分钟就会再次分解。在现代社会中,刺激多巴胺的活动和产品如此之多,要想保持最佳水平,最好的办法就是节制刺激多巴胺的活动。这是因为随着时间的推移,过多的刺激会磨损多巴胺受体,使大脑对奖励的敏感度降低。

假　期

认真对待假期：正如我们所听说的，期待能让人产生多巴胺。研究人员发现，计划假期比享受假期更让人快乐。通过研究你要去的地方，让自己沉浸在有关目的地的书籍和电影中，在脑海中开始你的假期，从而期待会不断增强。心理学家马修·基林斯沃斯博士说："身为人类，我们的大部分精神生活都着眼于未来。旅行是一件特别值得期待的事情。从某种意义上说，我们一开始考虑旅行，就开始'消费'旅行。当我们想象在罗马的广场上吃意大利冰激凌，或者和不常见面的朋友一起滑冰时，我们就能在脑海中体验到这些活动的每一个版本。"基林斯沃斯博士补充说，与其他经历相比，我们期待的假期也有一个优势，那就是我们更有可能重视这些假期。"因为我们知道旅行有明确的起点和终点，所以我们的大脑很容易在旅行开始之前就设想其中的美好。"

其实，没有必要去世界的另一端度过花费高昂的假期。人的大脑对新奇事物的接受能力很强，因此任何新奇的事物都会激发多巴胺。为了获得最大的回报，请计划短期的假期。你可能会认为享受两周的假期应该比享受一周的感觉好两倍，但研究发现，假期开始两天后，幸福感就会达到顶峰，而大量的迷你假期会比长假期带来更多快乐的回忆。研究还发现，去更多地方的多样性能更有效地激活大脑的奖励回路。

如果你没有时间或金钱外出旅行，把周末当作迷你假期，而不是追赶时间，也能提高快乐指数。牛津大学感官专家查尔斯·斯彭斯（Charles Spence）教授建议，与其在社交媒体上拍照，不如试着把所见所闻勾勒出来，这样才能回味并记住最美好的假期体验。他对2000名成年人进行的研究发现，半数以上的人患有"数字健忘症"——依赖智能手机或其他设备为他们"存储记忆"。

斯彭斯教授说："假期的乐趣很大程度上来自记忆。但是，我们对数字图像的钟爱，以及我们对'如果不发在社交网络上，一切就没有发生过'这一说法的日益认同，可能已经在无意中助长记忆库的缺失。"

斯彭斯教授认为，这意味着假期记忆平均不到两周就会消失。他补充道："科学证据甚至表明，我们刺激的感官越多，形成的多感官记忆就越牢固。科技让我们的眼睛忙个不停，它虽然发挥了我们的主导视觉感官，却无法与我们的情感感官联系起来。通常情况下，拍照只会刺激一种感官——视觉，拍视频时最多只能刺激两种感官——视觉和听觉。然而，在度假时画出你想记住的东西，会激活视觉、触觉、听觉和'本体感觉'（或位置感），使大脑巩固记忆，并将其嵌入你的记忆中更久。"

以下是一些让你的多巴胺回路恢复正常的方法：

让多巴胺奖励回路休息一下：许多临床医生建议，有意识地断开与那些容易人为提高多巴胺的活动的联系，如过度使用社交媒体、观看网络色情片或玩视频游戏。这种休息是为了让大脑有时间习惯于在现实世界活动中寻找快感。精神病学家安娜·伦布克是一名成瘾问题专家，根据她的工作经验，她建议给自己最沉迷的习惯放30天假，以重置多巴胺释放到奖励通路的时间。

为自己设定微目标：如果你感觉"无精打采"，你可能会对未来的事情不那么兴奋,但安排每周一次的定期小点心,将有助于以更有分寸的方式建立期待和分泌多巴胺。研究人员发现,期待美好事物的人的情绪会明显好转。把你想做的事情列一个清单,把它们写在你的日记里,每周都和这个计划约个时间。这总比坐在家里无所事事要好。

目标要具体:利物浦大学的研究人员表示,"我想要快乐"这样模糊抽象的目标不会帮助你实现目标。如果你追求的是具体的、触手可及的东西,多巴胺就会发挥最大的作用,如"我想在这个周末去骑5公里自行车"。

创建一个易于管理的待办事项清单:即使只完成一项任务,也会让人心情舒畅。比如,几个小时就能完成的DIY任务,以及整理橱柜。洛蕾塔·布茹宁(Loretta Breuning)是Inner Mammal Institute 的创始人,她认为:"接受一个新目标,每天朝着这个目标迈出一小步。每迈出一步,你的大脑就会分泌多巴胺。"

在冷水中游泳

你是那种无论温度如何都能进入游泳池的人吗?尽管我已经看到了大量关于冷水如何重置多巴胺系统的科学研究,但我还是礼貌地拒绝了朋友们去海里游泳的邀请,而是选择了冷冻疗法。这大致相当于走进一个垂直的冷冻室,以每分钟约15英镑的价格冷冻3分钟。当然,冷到一定程度会让人不舒服,所以人体有可能会释放出一些内啡肽。

关于冷冻疗法为何有效的另一个理论是,当你的核心温度下降，身体进入生理应激状态时，身体会通过让其他器官释放多巴胺和去甲肾上腺素来进行补偿。一项研究发现，浸泡在冷水中会使血液中的多巴胺水平提高250%，去甲肾上腺素水平提高530%。

如果你想尝试在海水或当地湖泊中进行游泳提高各项水平，那么多高的水温是合适的呢？神经科学家安德鲁·休伯曼（Andrew Huberman）博士认为："关键是要瞄准一个能唤起以下想法的温度：'这真的很冷！我想出去，不过我也可以安全地待在水里。'对有些人来说，这个温度可能是15摄氏度，也可能是7摄氏度。"多巴胺专家说，如果想在日常生活中更轻松地享受多巴胺，洗个冷水澡也是不错的选择。刚开始冲30秒钟没问题，但随着时间的推移，你的身体会适应并习惯这种冲击，这时你需要3分钟才能获得同样的效果。

血清素

血清素是一种特别繁忙的分子，作用于全身，帮助消化和睡眠等。在大脑中，它起着神经递质的作用，似乎能使预估威胁的杏仁核变得温和，并确保多巴胺对奖励的不懈追求不会失控。血清素水平的高低与我们的情绪和自我认知也有关系。当我们觉得自己受到了尊重，地位上升时，血清素就会增加；当我们感到自卑，受到打击时，它就会下降。

血清素一旦在大脑中增加，会给我们带来一闪而过的满足感，并在几分钟内消散。除了感觉"无精打采"外，血清素水平失衡的迹象还包括：

情绪变化快；

夜间醒来；

对性生活不感兴趣；

与他人进行负面比较；

经常感受到挫败，觉得自己是个失败者；

感到更加焦虑；

消化不良。

血清素是抗抑郁药最常针对的神经递质，服用抗抑郁药的首要目的就是增加大脑中的血清素含量。然而，如果在抑郁症较轻的情况下使用，往往会减弱快乐的感觉。

好消息是，还有其他提高血清素的自然方法：

多晒太阳：研究发现，无论气温如何，在阳光明媚的日子里，人们的血清素水平比阴天高。解剖学专家也发现，死于夏季（非精神原因）的人比死于冬季的人血清素水平更高。这大概率是因为冬季阳光较少。

管理你的社交媒体：选择公平的比较。从别人身上找出自己的差距是很正常的，但由于社交媒体的存在，我们与之比较的人变得太多了。尽管有的比较让我们感觉良好，但研究表明，我们倾向于通过与我们所认识的该领域最成功的人进行比较来折磨自己。把时间花在找出为什么我们不足，这被认为与较低的自尊、身体形象和较差的情绪有关。比较有时候是快乐的小偷，与感恩的作用直接相反。请记住，如果你想立刻感觉好起来，那就放下这本书一小时，整理一下你的社交媒体动态。

对你关注的人运用"激发快乐"原则：取消关注、屏蔽任何让你感到压力、不安全或不如意的人或账号，然后为自己创造新的网络体验。许多能让我们感觉良好的内容，如动物嬉戏、摄影作品、喜剧作品、大自然的风景等，都可以在社交媒体上发布。只要你是把看那些小狗和小猫的内容作为一种休息，而不是为了分散注意力或躲避生活或拖延时间，那么就继续享受血清素的提升吧。一项研究甚至发现，人们在观看猫咪视频后会感觉更有活力、更快乐。

收集美好回忆：研究发现，回顾悲伤记忆的人，其前扣带皮层中的血清素水平较低，而扣带皮层是大脑中与注意力有关的区域。当他们看到快乐的画面时，血清素会上升11%，甚至比吃巧克力更能振奋精神。因此，你的手边最好要有一大堆让人感觉良好的资源，如一本载满你最开心时刻的相册，当你意识到自己需要提振情绪时就可以使用。

减少竞争性友谊：虽然我们不喜欢谈论这个话题，但人类生活在不断变化的等级制度中。上一秒，你可能会因为朋友坚持锻炼身体而觉得他们变得高人一等，其实他们并没有。下一秒，当你听说朋友受邀参加聚会而你却没有时，你可能会觉得自己受到了冷落。注意友谊中的竞争态势，选择退出或不参与。毕竟，真正友谊的基础是能让你们彼此放松、做自己。当你总是猜测下一个微妙的贬低来自哪里时，你的警惕性就会一直提高——你的皮质醇水平也是如此。

你很可能已经知道谁是你生活中的竞争者，所以在社交媒体上让他们静音,在现实生活中与他们保持距离。你的口头禅是:"做自己。"

放眼全局:有人认为,抑郁症是一种影响感到失败的人的疾病。难道在当今竞争激烈的环境中,我们中的许多人都在弃牌或拒绝出牌吗?当下社会沉迷于攀比文化,而这种文化的目的就是让我们感到不安全,从而让我们不断地去追求更多,难怪我们中的许多人觉得自己跟不上时代的步伐。试问,究竟是谁告诉我们永远赚不到足够的钱,永远无法拥有足够的东西,永远无法成为足够美好的人?究竟是谁在从中获利?

催产素

人类是一种社会性物种,催产素是一种帮助我们相互联系的激素。

它还有助于加强我们对喜欢和爱的人的好感。(但它也会引起我们对不喜欢的人的反感。也有研究认为,它还能帮助人们将"部落"之外的其他人视为"出局"群体。)

在我们以狩猎采集为生的祖先中,有时间抚摸和梳理对方毛发是在传达一个信号,表明没有危险,没有迫在眉睫的威胁。这或许有助于解释为什么催产素能很好地抑制大脑警报系统杏仁核的活动,以及压力激素皮质醇的活动。

催产素分泌不足的迹象包括:

你不太喜欢拥抱;

在性生活中,你感觉不到与伴侣的亲近;

你不太喜欢出门见人；

听到别人的问题时，你很难感同身受；

你发现更难达到性高潮。

那么，要如何提高所谓的"亲密激素"水平呢？

拥抱 10～20 秒：皮肤下面有一个微小的卵形压力感受器，叫作帕西尼安小球（Pacinian corpuscles）。当它们感受到压力时，就会向大脑发出信号，释放催产素。一系列研究发现，10～20 秒的拥抱能提高体内催产素水平，降低皮质醇，不过这种效果似乎对女性更为明显。陌生人的善意、富有同理心的安抚、赞美和礼物都会使催产素向积极的方向发展。

给母亲打电话：当对方是"正确"的那个人时，即使只有几句话也能帮助催产素激增。威斯康星大学麦迪逊分校的研究人员发现，慈爱的母亲在电话里说几句话就能缓解女儿的担忧。（当然，我相信来自慈爱的父亲的话语也会产生类似的效果，但这项特殊的研究主要针对的是母亲。）

进行有意义的对话：换位思考、倾听别人的想法会提高你和交谈对象的催产素水平。增强这种效果的一种方法是"对等式自我披露"。这意味着在透露自己个人信息的同时，对方也会这样做。在一项研究中，两个刚认识的人互相问对方一些个人问题，会比那些没有分享个人信息的人更喜欢对方。寻找一个你可以信任的朋友，与他敞开心扉交谈，才不会有被评判或被审查的感觉。

与陌生人交谈：布里斯托大学心理科学学院讲师、心理学家萨拉·杰尔伯特博士（Sarah Jelbert）说，与不认识的人闲聊，这听起来可能会是一件让双方都感到很尴尬的事，却能提升双方的情绪状态。在 2014 年发表于《实验心理学》（Experimental Psychology）的一系列大流行前的研究中，芝加哥大学的研究人员对即将登上火车和公共汽车的上班族进行了调查。在这些地方，我们通常会被他人包围，但却很少有交流。杰尔伯特博士说："一组通勤者被要求预测，选择独来独往，或选择与坐在他们旁边的人交谈，哪一类人在旅程结束时会感到更快乐。另一组人则将此付诸实践——要么享受独处，要么尝试了解旁边的人。没有尝试的人预测独来独往会让他们感觉更快乐，如果他们不得不与人交谈，那他们的快乐就会大打折扣。实际上，尝试与陌生人交流的那一组人在下车后却表示更快乐。在后来的研究中，研究人员询问了参与交谈的人的感受，结果发现这些人也比平时更享受旅途。"

那么，为什么它能提升我们的情绪呢？杰尔伯特博士说："我们是一个极具社会性的群居物种，我们期望与朋友、家人在一起时能产生这种效果。这也表明，与新朋友交流往往是一种积极的体验。这意味着我们都错误地认为，其他人不说话是因为他们不想说话。事实上，很多人都非常乐意交谈。"因此，当我们进行这些友好的互动时，可以让我们在公共场合主动放下戒备并信任他人，这种感觉也会让催产素激增。

内啡肽

尽管人类不再需要通过奔跑来捕捉猎物，但我们还是会继续奔跑。现在这样做是为了获得愉悦感。我们中的许多人进行跑步的原因之一就是追逐跑步时获得的快感———一种自创的兴奋感。但是，内啡肽的主要作用不是创造快乐，而是掩盖痛苦。当我们的祖先需要忍受饥饿觅食时，内啡肽还能帮助他们麻痹饥饿感。

其他类型的身体压力也会触发内啡肽。这种情况发生时，内啡肽会与其他内源性大麻素一起与人体的阿片受体结合。内啡肽还有助于释放一氧化氮，这种化学物质有助于放松人类紧张的肌肉和扩张血管，同时有助于降低压力激素皮质醇的水平。

内啡肽分泌不足的迹象包括：

感到疼痛；

感到压力；

无法忽视的饥饿感。

那么，如何提高内啡肽水平呢？

寻找可以让你开怀大笑的事情：大笑这种身体行为似乎能激发内啡肽，因为它能使横膈膜上下跳动，让我们像运动时一样深呼吸。观看喜剧电影时满怀期待的人比没有期待的人更容易提高内啡肽，减少压力激素。因此，定期参与搞笑活动，不论是去当地的脱口秀俱乐部观看表演，还是将喜剧作为日常观剧的一部分，都能让我们开怀大笑。研究人员发现，幼儿每天大约笑300次。到了成年期，这一数字断崖式下降，成年人每天大约笑17次。研究表明，你笑的次数越多，你受压力事件影响的可能性就越小。

让自己哭泣：哭泣能提高内啡肽水平，这可能是因为哭泣能释放压力。如果你觉得需要释放情绪，可以找一首歌或一部电影，让你尽情释放。内啡肽的释放也有助于缓解身体和情绪上的痛苦。

拉伸：当你做伸展运动时，就能激发内啡肽，这可能是因为你正在让身体承受轻微的压力。在看电视、等水烧开或有空闲时间时，想方设法做一些伸展运动。这些伸展运动不一定是全身伸展——你可以伸展手指、脚趾或身体的任何部位；可以考虑打太极和做瑜伽等活动，它们能让你以更系统、更有指导性的方式伸展身体，并定期释放内啡肽。

雌激素

雌激素如何影响女性的情绪是一个复杂的问题。虽然目前还没有完全弄清楚，但近年来，我们逐渐认识到它们之间的联系是多么密切。根据2017年发表在《心理学公报》（*Psychological Bulletin*）杂志上的一项研究可知，雌激素和孕酮在女性生理周期中的这种波动，可能有助于解释为什么在青春期之前，男孩和女孩的抑郁率相似，而在那之后，女孩的抑郁率会翻倍。

人们还认识到，随着更年期雌激素的减少，女性往往会受到很大的影响，她们会感到平淡、无望或无法应对。这很可能是因为雌激素是帮助女性大脑产生感觉良好的化学物质和平衡血清素水平的关键。

雌激素水平下降影响情绪的迹象包括：

注意力不集中；

情绪低落；

对以前不担心的事情感到焦虑；

出现脑雾；

失去信心。

正如女性健康理疗师克里斯蒂安·伯德（Christien Bird）告诉我的那样，雌激素是女性体内许多生理作用的"花园之水"。

考虑到它如此重要，我们该如何解决它在更年期消失的问题呢？

跟踪你在生理周期中的感觉：你是否在每个月的某些时候比其他时候感觉更"无精打采"？《女人的28天：你的荷尔蒙运程》（28 Days: What Your Cycle Reveals about Your Moods, Health and Potential）一书作者、激素专家加布里埃尔·利希特曼（Gabrielle Lichterman）建议，如果你是这样的，那开始追踪你在生理周期中的感受吧。她说："我们的情绪会受到生理周期的影响。这是因为从月经第一天到下次月经前一天之间的28天左右时间里，我们的生殖激素水平会升高，也会降低。这些激素的涨落会刺激大脑化学物质（如血清素）水平的变化，从而刺激积极或消极的情绪。了解这些与生理周期有关的情绪变化非常有用。这是因为在健康的生理周期中，这些激素在一个又一个周期中遵循相同的涨落模式。这意味着你可以预测自己的激素何时会引发开朗、烦躁、兴奋或悲伤等情绪。你只需要知道自己的生理周期是哪一天，就能知道激素会给你带来什么样的情绪。

"因此，你会知道什么时候应该利用激素带来的好心情（如计划在生理周期的'快乐'日与朋友出去玩），什么时候需要为激素引发的情绪低落做好准备（如计划在生理周期的'悲伤'日进行自我疗愈）。"

加布里埃尔认为，跟踪这些情绪变化将有助于你预测任何愠怒的感觉："写下你随着生理周期进展的感觉，包括悲伤和烦躁。你要知道这些感觉可能只是激素的作用，它们会过去的，过不了几天，你又会感觉乐观起来。"

考虑使用激素替代疗法：虽然进入更年期的女性并非人人都适合使用激素替代疗法，但研究发现，激素替代疗法确实可以提高雌激素和孕激素水平，有助于消除"无精打采"的感觉。在一项研究中，绝经后女性接受了含有透皮雌激素和微粒化黄体酮的激素替代疗法，其中使用激素替代疗法的女性中只有17%出现抑郁症状，而服用安慰剂的女性出现抑郁症状的则有32%。如果激素替代疗法不适合你，那么你可以服用一些补充剂。因为人体临床试验表明，这些补充剂也能改善更年期女性的情绪。比如复合维生素B，它有助于制造令人感觉良好的化学物质血清素。

重塑更年期：我们这一代女性是幸运的，因为我们生活在一个前所未有的时代，人们开始谈论和了解更年期。事实上，对更年期持更积极的态度似乎具有保护作用。一项研究发现，自尊心较强、对更年期持积极态度的女性出现的负面症状较少，而持消极态度的女性对自己的身体感到羞耻的程度较高。《更年期宣言：用事实和女权主义去获得健康》（*The Menopause Manifesto: Own Your Health with Facts and Feminism*）一书作者珍·冈特（Jen Gunter）博士认为，更年期仅仅是你前进道路上的一个小插曲。冈特博士说："更年期激素紊乱也许可以用电脑加载新程序来比喻。在上传过程中（更年期过渡期），程序运行得有点慢，可能会出现一两次故障。一旦加载完毕，随着新程序的运行，一切都会稳定下来。"事实上，重塑对缓解更年期症状有很大的作用。目前，一系列研究发现，认知行为疗法可以缓解焦虑、潮热和盗汗。

睾 酮

男性的大部分（约95%）睾酮是由睾丸制造的。男性睾丸激素的产生是由脑垂体（控制激素释放的腺体）触发的。从30岁左右开始，男性的睾酮水平每年会下降约1%。到50岁时，累积的影响就会开始显现，可能会开始表现为性欲下降、情绪低落和健忘。

但睾酮水平下降不仅仅是男性的问题。女性的卵巢也会产生少量的睾酮，随着更年期睾酮的减少，她们也会感受到这种影响，睾酮的减少会削弱她们的信心，使她们感觉"力不从心"。

那么，睾酮降低有哪些迹象呢？

性欲降低；

男性更难勃起（女性更难达到性高潮）；

肌肉质量下降；

体重增加；

易疲倦；

情绪低落；

出现脑雾；

易怒。

越来越多的医生为男性和女性开具睾酮处方。不过，它的副作用可能会大于益处，并且医生可能需要一些时间才能掌握正确的剂量。

还有一些天然的方法可以保持较高的睾酮水平。

更积极的生活方式：加利福尼亚大学的研究人员发现，当男性从事一些活动时，如用斧头砍木头，会显著提高他们的睾酮水平，甚至比竞技运动更有效。根据发表在《进化与人类行为》（Evolution and Human Behaviour）期刊上的这项研究可知，砍树一小时可使唾液睾酮水平提高不少于47%，而踢足球仅提高30%。当然，你并不需要像伐木工一样去做才能获得益处。一系列研究发现，适度、持续的运动，尤其是力量训练，有利于将血糖维持在正常范围内。减少体内脂肪、少饮酒和少吸烟也有助于保持睾酮水平。

多晒太阳：一项研究发现，在灯箱（通常用于治疗季节性情绪失调）前待上半小时的男性，其睾酮水平能提高一半。在意大利锡耶纳大学的一项研究中，男性志愿者被分成两组。一组人站在一个发出1万勒克斯单位光照的盒子前，这与晴朗夏日发出的光照值相同。另一组只接受100勒克斯的光照，这相当于阴天时的光照值。研究人员发现，连续两周每天接受半小时光照的男性，其睾酮水平提高了50%以上，性满意度提高了3倍多。研究报告的作者安德烈·法吉奥里尼（Andrea Fagiolini）教授说："我们使用的光线类似于夏季清晨的光线。"

如果现在你已经开始追踪你的每日心情分数,那么一天结束时记录一个简单数字就可以了解你的情况如何。简单地安排自己想做的事情,更多地注意那些让你感觉良好的时刻,让自己有时间去欣赏它们,然后把它们写下来,这样你就能记住它们。一个月左右,无论生活给你带来了什么,你都应该看到自己的情绪有微妙的上升趋势。

请记住,享受生活的感觉会不期而至,我们很快就会忘记之前的感受。如果你注意到了自己做出的点滴改善,你就会发现自己能更好地掌控情绪,并更有信心创造属于自己的快乐时光。就像水银洒落后,在一定的距离它们会相互吸引,最终汇聚到一起。下面我们将探讨更多方法来让这些快乐时光成为你生活的一部分。

◀◀◀ 第 / 五 / 章

创造属于你的生活方式

战胜"无精打采"并不是要你颠覆现在的生活。在摆脱快感缺乏症的过程中,我发现自己需要做出各种选择,这些选择会逐渐带来巨大的改变。我每天都会寻找几次能让自己在分秒间感觉良好的体验,渐渐地,这些体验既帮助我训练了大脑,也重新引导了我的注意力。

前几部分中的所有针对性策略都有助于你走出快感缺乏症的阴霾,但若视其为大局的一部分,它们将更好地发挥作用。当然,你可能已经厌倦了听别人说运动和健康饮食可以创造奇迹,之后我将以稍微不同的方式来阐述这个问题,并给出有说服力的证据来证明它们不仅仅是对你有益这么简单,而且是比任何改善情绪的药物都能产生更强大、更长远的影响。除此之外,我还会汇集相关研究来展示如何提升其效果,以创造一种更有可能获得满足感的生活方式。

这并不是一个能让你感觉良好的万能药方。每个人的身心都是独一无二的,但你的身体一直在寻求平衡,或者说是内稳态(homeostasis),它需要你的支持。

多睡一会儿

我们已经说过，睡眠不足的人几乎不可能感觉良好。一方面，睡眠不足会让我们感觉像行尸走肉；另一方面，睡眠不足又会让我们感觉像邋遢鬼。它对情绪的影响是真实存在的。睡眠不足会让人感觉"无精打采"，这是有生理原因的。研究发现，睡眠不足的人对负面情绪的感受更强烈，对积极时刻的享受更少。

固定就寝时间：成人渴望的自由之一就是我们可以设定自己的就寝时间。但是，一旦你在十几岁和二十几岁时体验了随心所欲的自由，恢复童年的作息时间就不是什么坏主意了。直到20世纪80年代，午夜之前都没有电视。是的，这很无聊，但如今，在凌晨时分看任何你喜欢的节目，这正在给你的身体造成影响，并且会在情绪中显现出来。设定一个睡觉时间，让你每晚能睡上7～9个小时。设置一个夜间闹钟，在睡前半小时响起，提醒你该休息了。这样尝试一周，看看自己的感觉是否有所改变。

对每一天一视同仁：我们以狩猎采集为生的祖先不会在周六或周日早上醒来时想着"是时候休息了"。原因很明显，他们不知道今天是周末（直到20世纪30年代，西方社会才开始普遍实行双休日），他们大脑的昼夜节律也不知道。因此，即使在休息日，也要尽可能坚持保证每天的睡眠时间。

挑战你的大脑：睡眠科学家凯特·莱德勒博士说，让大脑获得新的体验，以多种不同的方式消耗大脑能量，会让大脑在夜间更累。这是因为困难级的脑力劳动确实需要大脑消耗更多的能量。莱德勒博士说："想想如何为你的大脑提供更多的变化和刺激，即使是在白天正常的生活和工作时。例如，试着想出一条去超市的新路线，以调动你解决问题的能力。我自己在伦敦骑自行车时，会停止使用手机上的卫星导航，让我的大脑更加努力地工作。或者，在晚上尝试一个新的食谱，即使我没有所有的食材。"

洗个热水澡：继光线之后，温度对人体的唤醒和睡眠周期影响也很大，因此调节温度可以帮助你睡得更好。得克萨斯大学在《睡眠医学评论》（*Sleep Medicine Reviews*）期刊上发表的一项2019年的研究发现，睡前90分钟左右是泡澡助眠的最佳时间。他们还发现，洗澡能使入睡速度平均加快10分钟，并有助于加深睡眠。研究人员认为，这是因为温水浴和淋浴会刺激血液从身体核心流向手脚，为睡眠做好准备。

靠窗而坐：在我们的眼球后部，有一些受体细胞可以分辨光线的明暗，帮助大脑知道什么时候该睡觉。多晒自然光，尤其是晨光，有助于保持身体作息与时钟同步，增加促进情绪的化学物质血清素。如果你在室内工作，可以坐在窗边来增加日照时间，或在休息时到室外晒晒太阳。

了解自己是"早起鸟"还是"夜猫子"：我们生活在一个崇尚早起的社会，但有一些人的生理特点让其很难早起，尊重生理特点就不会给身体带来不必要的压力。牛津大学昼夜节律神经科学教授罗素·福斯特说："'早起的鸟儿'喜欢早起。他们只占总人口的10%到15%。'夜猫子'喜欢晚睡，约占总人口的15%至25%。这意味着'夜猫子'往往很难在晚上的常规入睡时间睡觉，因为他们的身体时钟更晚一些。如果早上他们必须在常规时间起床，他们会感到更加昏昏沉沉，因为他们的身体时钟希望他们还在睡觉。"福斯特教授建议根据自己的睡眠时间特点安排工作和生活，他自己也是这么做的。"比如，我是个'夜猫子'，我会尽可能把会议安排在一天中非上午时间，否则那对我来说是一种折磨。因此，如果你是自己的老板或从事轮班工作，那么根据自己的基因时型来安排工作和生活是很有意义的。这样可以让你更快乐、更健康、更高效。"

不要回避分床睡：犹他大学科学家在《妙佑医疗国际学报》（*Mayo Clinic Proceedings*）上的一项研究发现，如果你的伴侣打鼾，你每晚很可能会少睡一个小时。一旦你的伴侣在睡梦中翻来覆去，你也有 50% 的可能会变换位置，可见你的睡眠会在不知不觉中受到干扰。罗素·福斯特教授说："躺在你身边的伴侣可能会在你不知不觉中扰乱你的睡眠。如果他（她）经常打呼噜，让他（她）做阻塞性睡眠呼吸暂停（喉咙后部肌肉松弛，阻塞呼吸道，导致喘息、打呼或窒息）测试。若是确诊了，你就可以考虑分房睡了。睡在一起并不能说明你们的关系有多牢固，而且可能会影响睡眠。"

在白天处理夜间的烦恼：让我们晚上无法入睡的往往是我们的烦恼，因为当我们独自躺在黑暗的床上时，让我们分心的事情较少，我们会觉得躺在床上的自己没有能力去解决这些烦恼。不要等到睡前才处理问题。每天早上留出时间，梳理一下你可能积累的任何不舒服的情绪，这样你就不会在晚上处理它们了。试图把烦恼推开只会让它们变得更糟，并增加它们的强度、频率和数量。一种方法是，当你的身体产生感觉时，你可以观察它们，想象它们，或者把它们看成会穿过你身体的感觉，而不是会压垮你的感觉。

利用你的兴趣爱好

最近，我看到一个备忘录，上面写着："不要问我的爱好。我整天不是盯着屏幕，就是睡觉。"一言以蔽之，这不就是我们很多人的现状，也是我们很多人陷入快感缺乏症的原因吗？要想感受到自己的潜能，你还需要花时间去做自己喜欢的活动。这些活动能吸引你，让你感觉良好。

放弃兴趣爱好被认为是"无精打采"的早期预警信号。重新拾起这些爱好被越来越多的人视为克服快感缺乏症的重要方法，因为它们能唤醒积极情绪，启动奖励回路。根据雷丁大学的研究可知，一旦我们感受到参与其中的乐趣，我们就会释放多巴胺，因为我们期待着再次参与其中。

研究发现，参加自己喜欢的休闲活动的人负面情绪较少，血压通常正常，总体压力较小。大脑扫描结果显示，当人们为了娱乐而参加艺术活动时，大脑的奖励回路也会变得更加活跃。事实上，兴趣爱好现在已被视为一种治疗方式。现在，医生会给病人开一些消遣的处方，如从事园艺或艺术。因为研究表明，这些消遣对生活满意度有切实的影响。

如何找到最适合自己的活动

要想找到一项能让你摆脱无精打采的活动，找出你的兴趣点是很有帮助的。

每个人都有自己的兴趣点。它们是能给人带来能量和快乐的活动,当我们做这些活动时,我们会感觉自己充满活力,仿佛我们正在激发自己的潜能。兴趣点源于你的内心,它不是被强迫或强加在你身上的。它可以是任何技能、天赋或兴趣。已故青年工作者彼得·本森(Peter Benson)提出了这一概念:"当我们展现自己的兴趣点时,我们并不担心自己不出色,也不担心别人怎么看。只要做到这一点,或成为这样的人,就足够了。"本森将兴趣点描述为一种激情,它让你感觉心中的灯在闪烁。它可以是任何东西,"从用你的双手制作东西,到在大自然中,到种植东西,到做志愿者,到帮助别人,到摄影"。

本森最初提出"兴趣点"这一概念是为了培养心怀不满的美国青少年的才能,他发现那些人当中有三分之二的人都能立即说出自己的兴趣,但大多数人没有进行足够的思考。

找出你兴趣点最简单的方法就是,回想一下你在童年或青少年时期自然而然被吸引的活动。这些活动只要没有成人的介入,你就无论如何都会去参加。如果你的兴趣点不是很明显,请思考以下问题:

你小时候最喜欢的活动是什么?

你在学校最喜欢的科目是什么?离开学校后,你还想了解哪些科目?

在青少年或大学时期,如果有空闲时间,你参加过哪些俱乐部?

你小时候最喜欢的假期是什么？

你在社交媒体上关注的创作者有特定的类型吗？

回顾一下你所有的答案。它们有什么共同点吗？一旦你将范围缩小到某项活动，请思考如何再次开展这项活动。

在工作之外寻找新的消遣方式的另一个障碍可能是爱好这个词，它听起来没有什么特别的意义，甚至有点书呆子气。其实，你可以把重拾自己的兴趣当作一种营养，甚至是一种抗抑郁剂。

如果你担心自己已经失去了过去喜欢的活动的掌握诀窍，可以考虑参加在线课程，或者加入俱乐部或夜校。给自己几个星期的时间，让自己有机会重新掌握这项活动。如果你仍然觉得没有时间，在你的手机上装一个时间监管软件，看看你花了多少时间在毫无意义的网页浏览上，而不是在创造或做事上。然后，你可以将这些虚度的时间分配给你的新追求。这意味着你每周要有意识地留出一段专门的时间或在你的手机日历上安排出时间，并设置提醒。

一开始你感觉自己并不享受其中，但是只要你坚持下去，最终你就能掌握它。当你学会了一门你喜欢的技能时，你会开始渴望这些技能为你创造的不间断的流动时刻——你曾经从中获得的快乐也会回来。这也将是你走出快感缺乏症的最明显的迹象之一。

我列了一份遗愿清单，上面都是我想做的既简单又可以实现的事情。我报名参加了陶艺绘画课程，制作了一个杯子，杯子上面写着早上起床的信息。我还报名参加了两个在线课程。我和自己约好了时间，所以我总是有所期待。

——达西，30 岁

饮　食

感觉"无精打采"常常超出我们的意识控制，但令人欣慰的是，喂养我们身体的东西也能喂养我们的心灵。正如我们知道的，这是因为让我们感觉良好的许多激素都是由肠道中的微生物制造的。我们的饮食对它们的产生起着巨大的作用，所以首先要吃一系列能在我们的"草坪（肠道）"上播种的食物。

多摄入膳食纤维：所有膳食纤维都有助于促进肠道细菌的多样性。你吃的富含膳食纤维的食物种类越多，你的微生物群就越丰富。每天的摄入量应控制在 30 克以上，尤其是芸薹属植物，如花椰菜、西蓝花、羽衣甘蓝和球芽甘蓝。朝鲜蓟、香蕉、坚果、种子、鳄梨、洋葱、扁豆和芦笋也能帮助你的微生物群产生有益于你健康的化学物质。

试试丝绒豆：丝绒豆是富含左旋多巴的天然食物。左旋多巴是一种人体用来制造多巴胺的分子。研究表明，在提高多巴胺水平方面，丝绒豆可能与治疗帕金森病的药物一样有效。

避免精制碳水化合物：一系列研究表明，糖、人造甜味剂和高度加工的谷物（如白面粉）会使微生物群失去平衡，而高糖摄入则与抑郁症有关。一项对 8000 名男性进行的研究发现：与每天摄入 40 克或更少糖分的男性相比，每天摄入 67 克或更多糖分的男性被诊断为抑郁症的概率要高出 23%。除了导致微生物群失衡外，大脑摄入过多的葡萄糖容易产生炎症，从而干扰奖励系统。摄入大量的糖还会引发血糖飙升，这意味着情绪急剧高涨后又跌入低谷。

少吃饱和脂肪：研究发现，吃太多饱和动物脂肪（如油炸食品中的饱和脂肪）可能会破坏多巴胺信号。一项实验发现，与摄入相同热量的其他类型脂肪的动物相比，摄入一半饱和脂肪热量的老鼠在奖励通路中的反应会变得迟钝，这可能是因为饱和脂肪会增加大脑中的炎症。

摄入足够的蛋白质：多巴胺由氨基酸酪氨酸和苯丙氨酸制成，这两种氨基酸都可以在富含蛋白质的食物中找到。研究表明，食用大豆、坚果等食物，增加这些氨基酸的含量可以提高多巴胺水平。如果缺少这两种氨基酸，那多巴胺水平就会下降。

为"草坪（肠道）"重新播种：你还可以用已经含有健康、活的微生物的食物来为肠道中的"草坪"重新播种和施肥。这些食物包括酸奶、酸乳酒和昆布茶等。这些食物之所以有益健康，是因为其被摄入后会在肠道中形成酸性稍强的环境。某些细菌在这种环境中会生长得更好，其中包括乳酸杆菌，它们有助于分解蛋白质，制造出产生良好感觉的化学物质所需的短链脂肪酸。

考虑服用omega-3脂肪酸补充剂：omega-3脂肪酸不仅是制造细胞膜的必需物质，还能通过减少炎症来促进大脑健康。

女性更年期与饮食

由于更年期雌激素水平下降，女性可能需要特别注意肠道微生物群，以保持心情愉快。更年期专家费尔哈特·乌丁博士说："我们从研究中了解到，微生物群对血清素的生成起着重要作用。但在更年期，雌激素的下降似乎会使微生物群失去平衡。我和更年期妇女谈论的事情之一就是饮食多样化的重要性。吃各种水果和蔬菜，你会产生更多对情绪有帮助的激素和神经递质。"

研究表明，改善中老年女性的情绪，除了通过激素替代疗法来补充雌激素水平，也可以考虑在饮食中摄入丰富的植物雌激素——一种存在于某些植物中的物质。植物雌激素普遍存在于坚果、种子和大豆等食物中，似乎能与雌激素受体结合。研究发现，食用植物雌激素的女性比不食用植物雌激素的女性更少出现潮热。

《更年期》（*Menopause*）期刊上的一项研究发现，富含大豆的植物性饮食可将中度、重度潮热程度减少84%。意大利研究人员在《生育与不孕》（*Fertility and Infertility*）期刊上发表的另一项研究发现，让妇女多吃大豆能改善情绪，提高认知敏锐度。乌丁博士说，她经常看到妇女的情绪因此而发生真正的变化："我一次又一次看到，改变饮食习惯的妇女开始感觉更好。这不是立竿见影的，但当她们开始以不同的方式饮食时，并绘制出自己的情绪图表，她们就会在3到6个月内开始看到变化。"

运　动

在进化过程中，我们曾作为游牧民族四处生活，寻找食物。虽然当时的生存压力很大，但我们的祖先通过大量运动消除了积聚的压力激素。在工业革命之前，几乎每个人都从事某种形式的体力劳动，这在一定程度上使人们保持了健康的体魄。后来，由于科学技术的进步，人类逐渐被眼前闪烁的长方形屏幕（电视、电脑和智能手机）吸引。

我们不再寻求体验，而是坐等体验来找我们。其结果是，人体不再按照"设计"的方式使用。提醒你应该多运动确实令人感到厌烦，但看看运动对大脑化学物质的积极影响，就能懂得为什么运动是心理健康最重要的组成部分之一。

运动在改善情绪方面的作用不亚于抗抑郁药物，因为它比任何药物都更能引起身体的多重积极变化。杜克大学医学中心的科学家们对特定的运动（快走、骑自行车或慢跑30分钟，外加10分钟热身和5分钟降温，每周3次）与抗抑郁药物左洛复（Zoloft）进行了为期4个月的测试。当他们在10个月后进行回访时，他们发现运动似乎能更好地控制抑郁症状。与那些只服用药物的人相比，同样进行了锻炼的那一组人的情绪低落率要低得多。

2018年的另一项研究发现，运动，尤其是负重训练，可以像认知行为疗法和药物治疗一样减轻某些人的抑郁症状。任何类型的锻炼，如瑜伽、跑步，即使不能完全战胜低落情绪，但都能减轻症状。即使是少量的运动也能迅速改善情绪。

任何能让你气喘吁吁、心率加快的活动都会启动这一过程——肾上腺素迅速开始分泌，并引发一系列的效应。

几十年来，人们把运动带来的良好感觉归结为内啡肽的急速分泌。充满活力地运动还能让身体增加多巴胺的释放，促进新神经元的生长和增加神经元的连接，并减少分解让人感觉良好的神经递质的酶，减少皮质醇的积聚。在运动过程中，你的身体会制造一氧化氮，这种分子会在体内循环，帮助血管扩张，促进血液循环。这样，血液、营养物质和氧气就能到达身体的每一个部位。

是时候停止只把运动当成减肥的一种方式了，把它当成一种让你感觉良好的消遣。在连续 7 天的时间里，每天在运动前后给自己的心情打分，还要注意在运动过程中，你在什么时候感觉更好。当我上体育课或跑步时，我会在开始的 10～15 分钟内明显感觉到心情的好转。

不要觉得自己必须每周坚持几个小时的运动。一系列研究发现，将运动分成全天 3 次，每次 10 分钟或 15 分钟，从快步走到快速力量锻炼，这样比在一个固定的时间段做运动更有益于你的身心健康。当然，你也更有可能完成它。

用歌声改善情绪

人们发现，唱歌是改善情绪最简单的方法，无论你是在淋浴时独自唱歌，还是在合唱团中唱歌。只要听一首歌，多巴胺就会开始释放到你的奖励回路中，唱歌则能更进一步提高大脑中让人感觉良好的内源性大麻素的水平——这是人体自然产生的化学物质。当然，如果你感觉很无聊，唱歌无论如何都值得一试，它是激活愉悦回路的最简单方法之一，有助于让你摆脱烦恼。

唱歌还能缓解压力。一项实验测量了人们唾液中的皮质醇水平，从中发现一个事实，无论是独自一人还是与其他人一起唱歌，只要他们高兴地加入歌唱中时，他们的压力激素水平就会下降。如果你有机会加入合唱团，不妨把它当作一种改善情绪的绝佳方式。在一项对 375 名成年人进行的研究中，研究人员发现，人们在集体歌唱时会感到更快乐，因为他们感到了与他人的联系，而这也会引发催产素的释放。

跳　舞

这也是一种剧烈运动，在唱歌时跳 10 分钟的舞会释放出更多的内啡肽。当你听一首歌时，你的大脑会不断期待下一个音符，尤其是听副歌部分，因为在歌曲达到高潮的那一刻，你的多巴胺会激增。当你跳舞时，你的身体也是如此。因为你必须知道如何动作才能跟上下一个节拍，从而激活你的感官和运动回路。当然，跳舞似乎也是最容易进入心流状态的方式，因为重复的动作会影响你的思想。

当我们与其他人一起跳舞时，这种效果会更加明显。因为我们的身体会与节拍同步，从而增强我们与他人的联系。研究表明，当我们活动身体时，我们不仅会感觉更能控制自己的肢体，还会感觉更能控制自己的生活。

舞蹈是如此吸引人，它让我们活在当下。与许多其他愉悦的活动相比，舞蹈对情绪的影响更为持久。根据对奖励回路的研究可知，我们在"喜欢"阶段停留的时间更长。《舞蹈疗法：让人更聪明、更强壮、更快乐的惊人秘密》（*The Dance Cure: The Surprising Secret to Being Smarter, Stronger, Happier*）一书作者彼得·洛瓦特（Peter Lovatt）博士解释道："研究表明，当人们一起跳舞时，会发生4件事。"他们表示会更喜欢对方，更信任对方，觉得彼此的价值观更相似，而且他们更有可能在舞蹈之外互相帮助。

"当我们跳舞时，脑海中会产生电化学烟花，我们的每一个动作都会产生新的'闪光''绽放'或'惊叹'。随着多巴胺水平的上升，我们可以摆脱一些负面情绪，进入兴奋状态。"

考虑到跳舞带来的快乐，跳舞是摆脱"无精打采"的好方法，它值得我们去克服那些可能阻碍我们在舞池中翩翩起舞的自我意识。

手机消磨快乐

你可能将手机视为生活必需品。毕竟，它们是特意为满足我们的各种需求而设计的。但从另一个角度来看，手机也是永远不会关闭的压力激活系统。（我们中的许多人甚至不知道如何找到关机按钮。我们最大的让步就是把它调到飞行模式。）

我们自欺欺人地认为，一直带着智能手机就能掌控一切。比如，大量的通知、电子邮件和最新头条会让我们觉得自己掌控了全局。这不断提高了我们的皮质醇水平，告诉大脑需要做好应对威胁的准备，即使我们并没有面临直接的危险。

如果我们能离开手机休息一下，手机就不会对我们的情绪造成那么大的影响，但由于我们中的大多数人几乎时时刻刻都把手机放在伸手可得的地方，即使在晚上也是如此。而且，我们每天醒着的时候平均有4个小时都在使用手机。这会导致皮质醇水平长期升高，干扰好心情激素的分泌。

问问你自己，你花在手机上的时间是否妨碍了你获得值得回忆的有意义的经历？你是否可以专注于体验你所看到的一切？生活就是记忆库，如果你拍照是为了娱乐他人，或者只是滚动浏览别人的生活而不是过自己的生活，那么你就很难记住那些重要的时刻。如果你的生活似乎过得迷迷糊糊的，那会不会是因为你被太多不重要的事情分散了注意力，以至于你从来没有真正注意过呢？

那么，你能做些什么来限制手机使用，腾出时间来体验生活呢？

综观全局：手机的设计初衷是方便生活，但同时是针对你的弱点而设计的，这样你就能更长时间地使用手机。我们现在与智能手机生活在一起的时间太长了，以至于我们常常开始忘记现实生活是什么样的。退一步看，你的时间是如何被社交媒体公司榨干的。他们是为了自己盈利，而不是为了你的利益。这是老生常谈的又一次改编，但可以说，我们中没有人会在临终前宣布："我希望我花了更多的时间在手机上。"

想想你错过的事情：每天花几个小时滚动屏幕，希望得到多巴胺的刺激，但得到的往往是皮质醇的飙升。跟踪你每周的屏幕时间，了解你的手机占用了你多少时间，再给自己设定一个目标，每周减少屏幕时间。同时，你可以想想本该做什么，希望取得什么成果。

关闭所有非必要通知：你是否经常被需要接收的信息或社交

网络和其他公司希望你知道的信息所打扰？你的注意力就是他们的货币。除了最重要的手机通知外，关闭其他通知，只让重要的信息打扰你。同时，退订非必要的邮件列表。如果对任何邮件的回复可能超过 30 个字，那就等你回到电脑前再回复。如果邮件很重要，在你全神贯注的情况下，你会写得更快更连贯。

设置障碍：大多数人有这样的习惯，当感到无聊、心烦意乱或不想处理一些不舒服的事情时，就会想看看手机。凯瑟琳·普莱斯（Catherine Price）在《如何与手机分手》（*How to Break up with Your Phone*）中建议，设置一个障碍物来降低你看手机的频率。她的建议是用橡皮筋套住手机。由于你必须取下橡皮筋才能使用手机屏幕，它就成了一个制动器，迫使你暂停并询问自己是否真的需要查看手机。或者设置锁屏图文，提醒你生命中最重要的时刻就是现在，不要无谓地浪费。

恢复使用基本款手机：对付心理成瘾的建议通常是戒掉你所渴望的东西，但在手机被设计成终极多功能工具的时代，没有手机的生活是很具挑战性的。掌控你的手机，而不是让它掌控你。尽可能把手机当作手机使用，把屏幕换成黑白的，这样视觉上就不那么吸引人了。如果你仍然觉得很难，那么现在有一种"傻瓜机"正在兴起，这种手机只有接打电话、发短信和播放音乐等基本功能。

尝试"分居"：觉得自己离不开手机？重置你的皮质醇和多巴胺水平。把手机闲置一小时，闲置一天，闲置一周，如果你能做到，看看你的感觉如何。你不要感觉像被剥夺了什么一样。把这段时间当作一种享受，做一些你喜欢的事情。

看看别人是如何看待你的：问问你的朋友和家人，你是否看起来心不在焉，或者他们是否有时觉得被忽视了。如果你有年幼的孩子，当你关注手机而不是陪伴他们时，他们是否会感到不安？重要的人是否在争夺你的注意力？

创建"不办"清单

宾夕法尼亚大学的研究显示，每天两个小时的自由时间是人们最快乐的时间。在天平的另一端，人们发现没有空闲时间的人是最痛苦的。那么，我们该如何找到那个难以捉摸的最佳点呢？

我们的大脑资源有限。它不能同时处理多项任务，只能快速切换注意力，这容易让人感到精疲力竭。当我们感觉要完成的任务太多时，皮质醇水平就会长期升高，从而干扰我们的奖励系统的工作。我们都熟悉"待办事项清单"，但有时我们需要写一个"不办事项清单"来减轻我们的精神负担，腾出更多时间去享受快乐。

清单上的家务数量之所以会越来越多，可能是因为我们觉得自己做这些事情更容易，而没有时间让身边的人分担这些家务。

在制定"不办事项清单"时，写下我们每周要做的事情。针对每一件事，问问自己：我是真的必须做这件事，还是说我期望做这件事？然后决定哪些可以划掉，哪些可以委托他人去做。检查一下不做某事是否会给自己或其他人带来负面影响。

如何与他人谈论快感缺乏症

如果你在经历快感缺乏症时有什么事情难以解释,那么伴侣、子女、朋友和家人可能会觉得更难以理解。如果不是抑郁症,你仍然面带微笑,继续生活,他们可能会认为你在抱怨,会希望你振作起来。

在人际关系中,快感缺乏症可能会让人觉得这是一个令人感到内疚的秘密。这意味着,许多快感缺乏症患者通常不会与爱人分享自己的感受。他们可能会因为担心被人批评而不敢提出来,或者他们会觉得你不喜欢和他们在一起。

如果快感缺乏不是使人衰弱的抑郁症的一部分,你可能会认为它并不严重,甚至不值一提,即使麻木和"无精打采"的感觉会严重破坏你的人际关系。你可能会担心自己只是小题大做。承认生理障碍不会让你觉得尴尬,那么为什么不承认心理障碍呢?如果你不提出来,它会对你们的关系造成更大的破坏。这是因为,如果你的伴侣不理解你的感受,而你又不向对方解释,对方可能已经把你缺乏快乐当成了一种拒绝。你们的性生活可能已经很痛苦了,而对方却不明白为什么。另外,如果你不享受自己的生活,你的感受会传染给对方。结果就是,你们的家庭可能已经失去了乐趣,使问题变得更加复杂。如果你想开始享受生活,告诉你的伴侣也许会有帮助,这样你至少可以告诉他(她)你想改变什么,以及你想如何把他(她)带入你的生活,并创造一个更快乐、更充满乐趣的关系。

我结婚了，有三个可爱的孩子，我们的经济状况很好，但我仍然觉得生活很累，很少有乐趣或玩乐，只有日复一日的琐碎。当我听到自己和丈夫的笑声时，几乎会感到措手不及！

——妮塔，46 岁

心理治疗师洛哈尼·努尔认为："正如一个人可以提升另一个人一样，他们也可以让另一个人倒下。如果你的伴侣不能在能量上满足你，就很难在一段关系中保持积极的运动。"告诉你的伴侣，你已经准备好享受更多的乐趣，这将是对你们关系的最终投资。丹佛大学的研究发现，在没有经济、家庭或其他压力的情况下，寻找在一起的时刻，即使只是为了一起玩乐，也并不是一件奢侈的事情。婚姻与家庭研究中心联席主任、心理学家霍华德·马克曼（Howard Markman）教授说："你在乐趣、友谊和陪伴伴侣方面投入得越多，随着时间的推移，这段关系就会变得越幸福。乐趣与婚姻幸福之间的相关性很高，而且意义重大。"

心理学家亚瑟·阿伦（Arthur Aron）博士在《个性与社会心理学杂志》（*Journal of Personality and Social Psychology*）上发表的研究结果显示，分享新奇刺激的活动始终与更牢固的关系有关："刚开始恋爱时，你会有一种强烈的兴奋感。随后，你们会逐渐习惯对方。如果你做了一些新鲜的、具有挑战性的事情，那会让你想起和伴侣在一起是多么地兴奋。这会让你们的关系变得更好。"

我意识到我和我的伴侣必须在我们的关系中找回一些乐趣。我们都陷入了无休止的呻吟和一味完成任务的陷阱。我意识到我很怀念我们曾经一起欢笑的时光。

——丽维，45 岁

以下是一些与伴侣谈论快感缺乏症的方法：

想想你想从谈话中得到什么：想想你希望你的伴侣如何支持你。在谈话开始时，你可以说："我不是在寻求建议，也不是要你想出解决办法。但我想表达我的感受，这样我就能和你沟通了。"

谈谈快感缺乏症对你的影响：说清楚快感缺乏症是一直在影响你还是偶尔影响你。如果可以，请列出你第一次注意到这种症状的时间，并找出它是否与外部压力或环境有关。搞清楚是因为额外的工作压力、照顾亲戚、育儿困难，还是因为更年期的到来。

表明你的意图：告诉你的伴侣，你想做一些能让你们更享受共同生活的事情，如那些你们在恋爱初期可能会一起做的事情，但现在你们不再一起做了。很少有伴侣不想和你一起做这些事。

分担职责：斯坦福大学的研究发现，在异性恋关系中，女性仍然倾向于承担大部分的育儿、家务职责，原因在于她们不认为自己有权利将自己的需求和时间放在第一位，这种想法被称为"无权"。简言之，女性往往默认家务和育儿应该由她们来承担。如果你觉得你们的关系已经变得一边倒，那么不妨以一种友好的、建设性的方式，共同拟定一份清单，列出你和你的伴侣为维持家庭运转而需要共同做的所有小事——律师伊芙·罗德斯基称之为

"我该做的事清单"。这可能包括一些微小的任务，如总是给孩子们涂防晒霜、安排生日派对、联系托儿所等。然后，比较一下你们的清单，看看有什么方法可以让大家更平均地分担。如果对方承担了某项工作，如洗衣服，就应该从头到尾地完成。如果职责分担失衡，那么你的伴侣可能没有注意到积压的工作对你造成的伤害。

留出固定时间：如果你们已经失去了找乐子的习惯，而生活又阻碍了你们，那么除非你们安排好时间，否则就不太可能找乐子了。在彼此的日历上约定一个约会之夜，讨论你们想一起做些什么。心理治疗师洛哈尼·努尔说："挑几件你们都想做的事。在你们的日程中留出时间，专门用来做你们约定的有趣的事情，并轮流组织，无论活动大小。"

在彼此身上寻找新鲜感：当你和你的伴侣第一次约会时，你们的关系是不可预测的，这会让你们很兴奋。对方会给你回短信吗？你们的感情得到回应了吗？但当你们安定下来后，随着时间的推移，不可避免的是，你们在一起后彼此越来越习惯，新鲜感也会逐渐消失。但还是有可能让新鲜感回归的。要做到这一点，可以发现一些新的东西来询问对方，或尝试一些对等的自我披露。这是一种相互提问的形式，已被证明能让人感觉更亲密。为了帮助你找到你可能从未想过的问题，并让你感受到彼此间的联系，请尝试心理学家亚瑟·阿伦设计的 36 个增进亲密感的问题。这些问题都是经过精心设计的，目的是帮助你们分享个人信息，并在不引起冲突的情况下逐渐更加欣赏对方。

从小事做起：我们往往认为必须做出天马行空的举动或是送出昂贵的礼物来表达爱意，但其实每天一起做的小事才是最重要的。分开一段时间后，当你见到你的伴侣时，把你的手机收起来，把他（她）当作你有一段时间没见的人好好相处吧。

做一些需要彼此依靠的事情：如果你们喜欢冒险，可以选择划双人独木舟等需要彼此助力的活动。研究发现，人们从新体验中获得的快乐和兴奋会影响他们对伴侣的感情。

增加眼神交流：你可能会发现，当你感受到压力和觉得无聊时，你可以一整天都不看你的伴侣，即使你们在同一个房间里。有意识地进行眼神交流能促进催产素的分泌，并传递出你们想要保持亲密情感的信号。试着面对面对视一分钟，看看能否避免移开视线。

做一些你们共同感兴趣的事情：你们可以计划开着一辆露营车环游欧洲，其实，你们一起计划的活动并不一定非得是大型或盛大的。我听说过一对夫妇，他们在居家期间意识到他们在一起不再有任何乐趣，因为任何空闲时间都被玩手机或分别听音乐和播客吞噬。但是，由于他们都喜欢同一个乐队，所以他弹吉他，她唱歌，他们每天都一起表演乐队的一首歌。他们这么做不是为了录制视频纪念或放在社交媒体上，只是为了享受更紧密联系的感觉。

让快乐成为一种常态：快乐始于计划和期待。无论是约会之夜，还是驾车出游，你们都要确保在你们的日程中安排有一些共同的时间，最好每周一次，并得让你们有所期待。

最重要的是，明确表示你希望这些讨论能改善你们的关系。简单解释你想更多地享受生活，你想和伴侣一起享受生活。

如果你的伴侣也有类似的想法，你要做好聆听的准备，不要妄加评论。心理治疗师洛哈尼·努尔对我说："诚实是最好的策略。如果你感觉自己不太对劲，你得让你的伴侣知道。谈你自己和你自己的经历，不要把话题扯到别人身上，同时手边准备好一些信息，这样你的伴侣就可以按照自己的节奏来了解快感缺乏症。"

但是也不要完全依赖你的伴侣，快感缺乏症咨询师兼研究员杰姬·凯尔姆建议道："一个人无法满足你所有的情感需求。如果你给伴侣施加过多压力，让他满足你的一切需求，那么你很可能会失望。我们每个人对快乐的理解都不尽相同。因此，要培养友谊，和其他与你喜欢相同事物的人共度时光。"

我很难告诉我的伴侣我的感觉已经平淡了很久。我想她没有注意到。但当我告诉她我想抽出一些时间，让我们像恋爱初期那样一起开心时，她很激动。

——乔恩，59 岁

让孩子们的生活更有趣

对世界缺乏快乐和焦虑会传染给孩子。幼小的孩子会根据成人的提示来判断自己在这个世界上的位置和需要担心的事情。例如，人们发现小孩子一开始并不害怕蛇，直到他们看到大人被蛇吓到的视频。与孩子们一起玩耍也会让他们觉得世界是安全的。

研究表明，当鼠妈妈舔幼鼠时，幼鼠会表现出较低的压力水平。心理咨询师大卫·科德（David Code）认为，这不仅仅是因为幼鼠感受到了关爱，还因为母鼠在向幼鼠传递这样的信息：环境足够安全，母鼠有时间为后代梳理毛发。"母鼠在对它们说'现在的环境很安全，没有捕食者，也没有压力，我有很多时间来给你们舔毛'。"

试着寻找更多真正快乐的时刻，这不仅是为了与孩子们分享无拘无束的快乐，也是为了传达这样一个信息：无论你多大年纪，享受生活都很重要。享受生活不会因为成年而停止。

以下是你可以尝试的一些方法。

对于年幼的孩子：当你和孩子们在一起时，要真正与他们打成一片。把手机放在隔壁房间，和他们一起玩。你可以趴在地板上，与他们进行眼神交流，让他们来指挥游戏。你与他们玩的过程中，不要试图教他们任何东西。只有这样，他们才能放松下来尽情地玩。每天安排固定的游戏时间，哪怕只有 15 分钟，这样孩子们就知道他们每天都会有这样的时间和你在一起。

对于较年长的孩子：青少年对面部表情和语气特别敏感，即使是中性的表情也会被理解为负面或批评。如果你已经有一段时间感觉"无精打采"，那么他们可能会将此理解为你的拒绝或你不太喜欢他们。你可以告诉孩子，你已经意识到你想更多地享受生活，而享受生活的一个重要部分就是和他们一起玩得更开心。不管父母说什么，只要批评被搁置，青少年一般都愿意和父母在一起。你们可以约定，在一起的时候，双方都不做评判，一起放松并享受乐趣。

心理学家奥利弗·詹姆斯（Oliver James）推荐了一种名为"爱的轰炸"的技巧，来重新找回你与青少年孩子之间的亲密关系。（现在，这个词经常被用来描述成人关系中不健康的行为，而詹姆斯十多年前就开始使用这个词了，当时它对培养与孩子的积极关系有着重要意义。）

詹姆斯版本的"爱的轰炸"是指花一段时间与孩子单独相处，向他们提供无限的爱，并影响他们的行为，以重建你们之间的信任。詹姆斯认为，通过让你们的关系回归本源，可以稳定长期积累的急性应激激素水平，重置你们的关系。我们的想法是，通过让孩子感受到自由，可以让你们回到孩子小的时候，即在你们之间逐渐出现其他问题之前，你们曾经共享亲密关系时。让孩子完全自由地制定规则，这听起来可能很疯狂，但这只局限在一个周末，而且孩子通常会提出非常合理的要求，所以并不会有什么问题。你要做的就是，让他们提出有趣的活动建议，并说你也想参加。

创造一个快乐的家

我们曾经主要生活在室外，生活在瞬息万变的大自然中，除了最基本的财产外，没有任何负担。当我们的祖先寻找栖身之所的时候，他们最想要的是一个能让他们感到安全的地方，让他们远离外面的危险。即使是在 21 世纪，这一点依然适用。在当下这个"焦虑时代"，家应该成为减轻压力的避风港。这意味着，无论你住在哪里，无论地方大小，你的周围都应该有让你感到安全和美好的事物。这就需要更多地关注你的身体和神经系统与周围环境的互动方式。

我们经常囤积东西,因为有人说那是我们需要的。我们购置物品,可能是因为我们相信它会让我们快乐。然后,当我们发现这些东西并没有让我们快乐时,我们往往不会把它们扔掉。结果是,大部分人的家里(西方家庭)平均拥有大概 30 万件财产。

正如室内设计专家米歇尔·奥古德欣(Michelle Ogundehin)在《内心的快乐:如何利用家的力量获得健康和快乐》(*Happy Inside: How to Harness the Power of Home for Health and Happiness*)一书中所指出的:"杂乱无章是家庭宁静的头号敌人。它就像一张永远无法完成的待办事项清单,破坏了任何形式放松的尝试。"物质上的杂乱无章等同于情感上的杂物,会扼杀精力,打击热情。米歇尔指出,"我们并不是没有足够的家居空间,而是我们的东西太多了"。

混乱如此令人紧张的原因也许是,在狩猎采集的时代,我们的大脑被设计成寻找直接的威胁。

现在,有太多的东西遮住了我们的视线,即使我们要找的只是手机,而不是捕食者。堆积的东西会使我们的皮质醇升高,随着时间的推移,会降低多巴胺等感觉兴奋的化学物质的水平,使我们更加焦虑。在家里,我们也会因为空间杂乱而争吵,因为我们不得不浪费宝贵的时间去找东西。

研究发现,生活在混乱环境中的人更容易感到生活失控,也更不可能为自己的健康和幸福做出更好的选择。在一项实验中,志愿者被安排在一个散落着旧信件和纸张的凌乱房间，或者一个没有杂物的房间。结果发现，在整洁环境中的人更有可能选择健康的零食，并向慈善机构捐赠更多的钱。此外，人们还发现，在不整洁的环境中比在整洁的环境中犯的错误更多。此外，如果你的生活已经有一段时间没有快乐的感觉了，我们也会把周围的环境与这些感觉联系起来。改变你周围的环境，就表明你现在打算优先考虑不同的事情。

以下是一些为你的环境增添乐趣的方法：

清除那些不会让你感觉良好的东西：把杂乱无章的东西想象成杂草。清除杂草可以为更多的积极情绪留出空间。首先，扫描一下你所在的房间，看看有没有让你感到压力的东西。除了清除账单和收据外，还要清除附有难忘回忆的物品、不会让你感觉积极的照片或图片，以及过期药品或缠绕的电线。慢慢整理，一次整理一个架子、抽屉或橱柜。当你整理完一个区域时，你的多巴胺回路会被激活。在这个过程结束时，每个房间都会让你感觉更轻松，你的心情也会更愉悦。从现在开始，整理所有区域，直到留下来的每件物品都有作用或让你感觉良好。

少用镜子：研究表明，镜子太多会潜移默化地提高你的焦虑感。如果你经常看到自己的身影并习惯性批评自己的外貌，那么你可能需要在卧室等地减少镜子的摆放数量，尤其是当我们起床时，很少有人能保持最佳状态。

让光线进来：光线会影响我们的昼夜节律和身体的化学平衡，因此，光线是继更热的食物和充足的睡眠之后，对我们的身体健康最重要的东西。那些说自己居住的地方没有足够自然光的人,其抑郁的概率是那些觉得家里阳光充足的人的1.4倍。其他研究发现,在日照充足的空间工作的人比在阴暗空间工作的人睡得更好。无论你住在哪里,都要尽你所能引入光线,无论是在清晨拉开百叶窗,还是剪掉遮挡视线的树叶。

将自然带入室内:人们感到与自然脱节的原因之一是,他们生活的城市与大自然脱节。我们试图通过在室内摆放植物来弥补这一点。根据《生理人类学杂志》(*Journal of Physiological Anthropology*)上的一项研究可知,触摸和嗅闻室内植物可以减轻生理和心理压力。与家中没有绿色植物的人相比,家中摆放植物的人的负面情绪往往会减少。不要等着别人送花给你,你可以给自己买。

> 无论我有多少钱,我每周都会给自己买一束花放在厨房的桌子上。每次我走进厨房,它都会提醒我自己,我在努力让自己感觉良好。
>
> ——卡特里奥娜,37岁

> 我很高兴我的感觉又回来了。我最近去看了一场音乐剧,我没有变得挑剔和愤世嫉俗,我的脸上反而露出了笑容。我有了做其他事情的动力,如游泳,吃得更好,心情也变得更好了。
>
> ——艾希,60岁

我决定不再兜圈子，重新开始参加活动，即使一开始我并不喜欢。我对自己更友善了，批评也少了。这并不总是有效，但我坚持了下来。我的精神状态慢慢变好了，直到我开始感觉自己又能完全正常工作了。隧道尽头是光明。

——朱尔斯，46 岁

走进大自然

回想一下你最喜欢的童年时刻——你觉得最无忧无虑、最有活力的时刻。那可能是你在树枝上俯瞰世界的时刻，可能是你在雪地里奔跑的时刻，也可能是你在树篱里搭窝的时刻。我们可以猜测，你最珍爱的许多回忆是在没有成人监护的情况下在户外玩耍的时刻。正是在这种远离成人的户外玩耍的时刻，我们学会了把自己看作能够做出决定、承担风险和照顾自己的独立的人。

"大自然缺失症"（nature deficit disorder）一词是由作家理查德·勒夫（Richard Louv）提出的，他在 20 年前首次提出，人类"疏远大自然"的代价是"感官能力下降、注意力不集中以及身体和情绪疾病的发病率上升"。

当我们将自己与外界隔绝开来时，我们会为自己的幸福付出高昂的代价。

设计师英格丽·费泰尔·李（Ingrid Fetell Lee）在《快乐美学：用平凡之物创造非凡快乐的 10 种方法》（*Joyful: The Surprising Power of Ordinary Things to Create Extraordinary Happiness*）一书中指出，大自然是我们获得最大解放的地方。"生活中一些快乐的时刻就是我们获得一种自由的时候。想想暑假前最后一天学校大门打开时的欣喜若狂，或者周五五点的钟声敲响时办公室里的热闹非凡。快乐因束缚的减轻而茁壮成长。经过几个小时的驾驶后，在休息站下车，双腿舒展开来，那是一种令人愉悦的自由。在星空下睡觉、乘坐敞篷车、裸泳，感受清凉的水与裸露的肌肤相亲相爱，也是一种快乐。快乐有一种活力，它不喜欢被挤压或压抑。我们如此努力地争取自由，是因为自由让我们能够追求快乐，以及生命中其他一切重要的东西。对于我们的祖先来说，拥有自由的空间意味着更有可能找到食物和潜在的伴侣。这就是为什么监禁是一种严厉程度仅次于死亡的惩罚。用更通俗的例子来说，这也是飞机上的中间座位会引起如此普遍的恐惧的原因。"

日本研究人员 2019 年在《公共卫生前沿》（*Frontiers in Public Health*）杂志上发表的一项研究发现，与在城市环境中行走相比，在森林中行走能降低压力激素皮质醇的浓度，还能降低血压。

牛津大学跨模态研究实验室感官专家查尔斯·斯彭斯教授认为，将绿色空间换成蓝色空间意味着人们可以让自己的感官超常发挥，得到终极的健康锻炼——他称之为"蓝色健身房效应"。斯彭斯教授在发表题为《多感官健康与划船》（*Multisensory Well-being and Boating*）的研究论文后指出，维多利亚时代将病人送到海边休养，是因为这对免疫系统有好处。欣赏大海还有助于消除倦怠和季节性情绪失调。

斯彭斯教授也是《这感觉真棒！》（*Sensehacking: How to Use the Power of Your Senses for Happier, Healthier Living*）一书的作

者,他说:"蓝色空间比绿色空间对健康和幸福的益处更大。人们通常从视觉角度来考虑其效果也许并不奇怪,因为视觉往往占据我们感受的主导地位,但人们越来越意识到,水声和野生动物的声音对大自然的有益影响有多么重要。在北美国家公园进行的研究表明,水声对健康和积极情绪的影响最大。水声还被证明可以有效地缓解城市(通常是交通)活动中的噪声所带来的压力。"斯彭斯认为,其中一个可能的原因是,海浪有节奏地拍打沙滩的声音会让我们想起在子宫里听到的声音。"在视觉和听觉的双重作用下,大自然的气息和水的亲近对我们身心健康的影响是有目共睹的。大面积开放水域散发出的负离子对健康更有益处。海洋空气及其负离子对我们生理的益处可能要大于海水刺鼻的气味。后者是由细菌分解释放出的二甲基硫化物引起的,正如我们刚才所看到的,由于它与快乐、健康的海滩记忆相关联,因此可能与心理有关。"

当我从失神中走出来时,我学会了一件事,那就是做一些事情总比什么都不做要好。例如,如果我对散步犹豫不决,我就会规定自己一定要去。我从来没有后悔过,因为无论我当时心情如何,事后我的感觉好多了。我注意观察云朵、树木、鸭子和松鼠,总能发现些什么。我想,多年来,我工作得太辛苦,直到精疲力竭,而每天留意风景的微妙变化,让我重新回到了现实生活中。

——卢,55岁

好心情渐渐回来了，我也开始感到轻松。我制订了更多的计划。我开始了解我可以做哪些事情来让自己感觉更好，让我走出自我，哪怕只有5分钟或10分钟。这感觉对我来说，就像是编织！它在很多层面上都在起作用。我可以拿起它，也可以放下它。我可以看到自己的进步。我在孩提时代就织过毛线，那时就爱上了它。它给了我满足感，也给了我快乐。

——伊莉斯，46岁

敬畏时刻

海洋激发我们灵感的另一个原因是，这个广袤无垠的仍然充满未知的世界让我们心生敬畏。根据越来越多令人信服的调查研究可知，如果有什么能让你摆脱"无精打采"，那就是这种体验。在生活中，当你遇到让你大吃一惊的事情时，就会有这样的时刻。

我这样的时刻包括黄昏时分看到泰姬陵的大理石在闪闪发光、夜里看到巴黎圣心教堂台阶上闪烁的灯光、看到突尼斯的沙漠沙丘以及第一眼看到我的新生儿。回想一下，你很可能也有过几次这样的经历。它们将成为你人生故事中清晰而鲜明的记忆。

心理学家达契尔·克特纳（Dacher Keltner）教授首次将敬畏时刻定义为"置身于比自我更广阔、更伟大的事物之中的感觉"。一旦你开始寻找敬畏时刻，不必身处异国他乡，也不必刻意经历改变人生的时刻，在日常生活中仰望云朵或观察蜜蜂在花朵中采集花粉，你都能发现敬畏体验。在那些时刻，你会意识到有比你更伟大的东西，它让我们对我们所面临的问题有了更深刻的认识。

研究表明，敬畏时刻会减少大脑中与自我专注和思想游离有关的区域的活动，从而让你对世界的感受产生深远的影响。在一项实验中，科学家将精神健康的晚年志愿者分为两组，让他们每周进行一次 15 分钟的散步。其中一组被要求像平常一样散步；另一组则被要求在散步时寻找敬畏的时刻，这意味着他们要去一个新的地方，并注意沿途的细节，"用新鲜的、孩子般的眼光看待一切"。加利福尼亚大学旧金山分校神经学副教授弗吉尼亚·斯特姆（Virginia Sturm）说："基本上，我们告诉他们尽量去新的地方散步，因为新奇感有助于培养敬畏之心。"作为补充，两组人都被要求在散步时自拍几张照片，以便将它们记在脑子里。除此之外，他们还被要求不要使用手机拍摄。旅行结束后，两组步行者都将自拍照上传到一个网站上，并被要求每天在网上写日记，记录自己的感受。两个月后，研究人员比较了两组人的经历和自拍照。结果发现，那些寻找敬畏时刻的步行者已经能够熟练地注意到大自然细节中的神奇时刻。与另一组步行者相比，他们感觉更快乐，与社会的联系也更紧密。而另一组人则表示，他们把大部分时间都花在了为待办事项发愁上。两组人的自拍照也显示出了明显的差异。没有寻找敬畏感的人主要拍自己的脸部特写，而被告知要寻找敬畏时刻的人则拍了更多与大自然有关的照片。在那些照片中，与周围的环境相比，他们显得更渺小、更不重要。

心理科学副教授保罗·皮夫（Paul Piff）表示，当人们更加尊重周围的世界时，利他主义、谦逊和慷慨等品质也更容易产生。他在研究中发现，仰望高大树木几分钟的人在之后会更加慷慨。

气候灾难和野生动物的大规模灭绝是压在我心头的重担,尤其是近年来全球经历的酷暑、火灾和洪水。

陷入无休止的绝望循环非常容易,利用我们对不公正现象的强烈感受来激励我们采取行动就显得尤为重要。我从小事中获得快乐。与大自然的联系对我来说无比重要,所以我每天都会带着我的狗去散步。我曾帮助拯救过猪、牛、火鸡、鸡和鸭,并有幸在美丽的庇护所或家中与它们相识。解决对我们有意义的问题,采取措施改正我们所知道的错误,可以让我们找到很多快乐。通常只有经历过绝望,我们才会有足够的动力去采取行动:利用这些负面情绪来推动积极的改变是非常重要的。

——朱丽叶·盖拉特利(Juliet Gellately),
动物权利保护组织Viva董事

小 结

这也许是第一本面向普通读者的关于快感缺乏症的书籍,但我知道,快感缺乏症的全貌尚未被完全揭示。如今,快感缺乏症已成为一个独立的研究领域,其诸多成因和各种应对方法正在不断被发掘。

在西班牙,研究人员在研究甘丙肽的作用,甘丙肽是另一种大脑化学物质,可以作为一种神经递质,似乎会阻碍啮齿动物大脑的快乐和动力。

这一切都表明,许多人在认真思考和研究快感缺乏,因为这种情绪状态让太多的人无法过上充实的生活。战胜快感缺乏症的前景令人振奋,数百万人将会走出灰色的情绪中间地带,走向光明。

◂◂◂ 总　结

不要问自己这世界需要什么，而要问什么让你充满活力，因为世界需要朝气蓬勃的人。

——霍华德·瑟曼（Howard Thurman），民权领袖

在本书中，我介绍了最新的研究成果。这些研究表明，期待在快乐体验中起着极其重要的作用。因此，在结束之前，我必须挑明一个问题，那就是当我们不确定前方等待我们的是什么时，我们很难展望未来。这感觉就像我们正身处危险的十字路口，在进入新的历史时期时，我们总会有那么一瞬间迷失方向，所以我们往往需要经历一段时间的不适，我们才能重新定位自身。

我们正在穿越的"阈限空间"[①]（巧合的是，TikTok上无数空荡荡走廊的诡异图像都捕捉到了这种空间）是否能为我们带来新的方向？在正视人类社会的工业化对大脑造成的伤害后，我们

---

① 阈限空间，指一个空间能引起人特定的感觉，从而把人从无意识带向有意识、有情绪的过渡阶段。

是否可以利用对大脑工作原理的新认识，让自己与大脑保持同步？我们是否终于对人类大脑有了足够的了解，从而弄清楚它是如何发挥最大作用的，以及如何充分利用人脑来造福地球？

牛津大学哲学家威廉·麦卡斯基尔（William MacAskill）最近在为《纽约时报》撰写的一篇特约文章中，就我们如何以更积极的方式预测未来提供了新的视角。他认为，如果人类历史是一部小说，那这部小说才刚刚写到序言的结尾。他希望我们能更乐观地展望未来，这不仅是为了我们自己和孩子的幸福，也是为了子孙后代的福祉。麦卡斯基尔相信，如果我们能坚持积极的路线，如不断发展的平等运动、医疗保健的改善和互联网知识的民主化，未来将会有许多事情值得我们期待，人类社会或许可以再延续数千年。

他认为："生在这样一个时代既是一个难得的机遇，也是一种重大的责任。我们可以在把未来引向更美好的方向上发挥关键作用。现在是起航的最佳时机，这不仅是为了我们这一代，也是为了我们的孩子这一代，更是为了未来的所有时代。"

如果我们不对与思维运作相关的科学多加关注，那就是在做无用功。如果我们能真正运用好新的关于思维和情绪运作机制的科学认知来应对当下的挑战，那未来将多么令人期待。

希腊人最早思考快乐的本质，并且第一次就得出了正确的结论。除了提出享乐主义（快感缺乏症就是在该词的基础上产生的）这个词外，他们还创造了"因理性而积极的生活所带来的幸福"这一说法。现代研究一再证明了他们的观点是正确的。幸福取决于日常的快乐与目标感之间的平衡。研究发现，为自己信仰的事业做出贡献的人，身心都更加健康。今日所行之善，往往就是明日的快乐源泉。

在这本关于如何再度享受生活的书结束之际，我想再重申一下：让我们回到我们的祖先那天早上饿着肚子醒来，想着怎样才能找到食物的时候。想想在他们之后历经数百代人的延续，才有了我们的出生。想想他们所有的努力，他们走了多远的路，经历了多少爱和心碎、悲伤，才让我们得以在此时此地坐下来进行阅读。你是否也立志为了子孙后代而过一种乐观的生活呢？想象一下，充实的生活会让你有更多的精力为你的后代创造更美好的世界。

最重要的不是你的种族、阶级、性别或教育程度，而是你是否遵循思想家莱昂·卡斯（Leon Kass）所说的灵魂主导你的生活。1890 年，威廉·詹姆斯（William James）在《心理学原理》（*The Principles of Psychology*）第一卷中首次介绍了这一领域，并写下了一句简单的话——"我的经历源自我愿意关注的事物。只有那些我注意到的东西才能塑造我的思想。"换言之，我们关注什么，我们就是什么样的人。

我的观点是，在人类历史的大部分时间里，我们本能地知道什么是快乐。只是在过去半个世纪里，经济增长以牺牲其他为代价的观念分散了我们的注意力。不过变化已经出现，我们意识到了还有其他衡量增长和成就的标准。

FIRE 运动（财务独立，提前退休）如火如荼地发展，越来越多的年轻人打算在30岁或40岁之前将收入的四分之三存起来，这样他们就可以按自己的意愿自由地生活。

"躺平"运动也在兴起，人们厌倦了疲于奔命的日常差事，不再认同"工作就是生活"。比起关注对自己所在公司的股东和利润有利的事情，大家更愿意思考什么对自己是有益的。

我们也希望下一代能过上不同的生活。现在，越来越多的家长不再让自己的孩子接受"一刀切"的学校教育。因为他们认为这种教育方式会让孩子们失去人性，变成排名表上的数据。于是，他们开始创建其他教育体系。

我们是否正处于"大辞职潮"或"优先级大调整"之中？所有这些运动的共同点都是把自由放在第一位，而不是我们所熟悉的"为物质成功而奋斗"。当我们优先关注心理健康时，会发现它还和环境的改善有关。越是意识到物质并不能使我们快乐，我们的消费就会越少。

正如心理学家芭芭拉·弗雷德里克森所指出的："拥有积极情绪而非消极或中性情绪的人，其视野更广阔。因为他们会向外看。"从根本上说，当我们感觉良好时，我们就能后退一步，看到世界的需求。我们会有更多空间去为之做一些有意义的事情。

从眼前来看，在摆脱快感缺乏症的道路上，在未来的日子里，我希望你能情不自禁地跟着自己播放的音乐跳舞，或在洗澡时唱歌；愿你能目不转睛地欣赏一轮满月。

从亲身经历来说，我知道这些瞬间看似微不足道，但随着时间的推移，它们会大大改变你对世界的感受。生活永远不会十全十美，你也不必每时每刻都享受生活。活着的意义不仅仅在于感受快乐，更在于体验所有的人类情感。不要被现代生活压垮，不要把快乐当成一种你无福消受的奢侈品。

在为本书做研究时，我读到了14世纪波斯诗人哈菲兹（Hafez）的一句诗："当你孤独时，当你身处黑暗之中时，我希望你能展示给自己，属于你的惊人光芒。"如果你的人生黯淡无光，就像我在写作本书之前一样，那么我希望你现在找了让自己重现光彩的方法。我们每个人都有太多的事情要做，不能一直沉浸在黑暗中。

致 谢

在撰写本书时，神经科学家、精神病学家、心理学家、人类学家和辅导顾问们的研究、分析和经验让身为作家和记者的我受益良多。我还要感谢愿意与我分享快感缺乏症经历，以帮助他人走出快感缺乏症阴影的人们。

这是一段紧张的旅程，许多科学家不仅让我引用研究成果，还愿意在添加注释、科学查证等方面慷慨地给予帮助，对此我感激不尽。

能得到处于神经科学前沿教授的支持，我深感荣幸：肯特·贝里奇教授的研究实验室改变了我们对多巴胺在奖励系统中的作用的看法；罗伯特·扎托雷教授则引领我们了解了音乐如何在大脑中为我们带来愉悦；安娜·伦布克教授强调了多巴胺过量对现代生活的影响，并允许我详细引用她的研究；詹妮弗·费尔杰教授和卡迈恩·帕里安特教授也为我们发现炎症与心理健康之间的联系提供了指导。

还要感谢亨宁·贝克博士，他用清晰的比喻帮助我们理解了大脑是如何思考的，而马修·基林斯沃斯博士则阐明了如何能变得更快乐的思路。英国的罗素·福斯特教授、查尔斯·斯彭斯教授、弗朗西斯·麦格隆教授和凯特·莱德勒博士为我撰写感官科学部分提供了帮助。安德烈·法吉奥里尼教授就睾酮问题提供了建议，蒂芙尼·菲尔德教授对触觉领域贡献良多。

费尔哈特·乌丁博士对女性更年期的情绪变化有着丰富的知识储备，从一开始便提供了大量帮助。自十年前我第一次就倦怠感问题采访琼·博里森科博士以来，她的真知灼见一直在我耳边回荡，所以我很高兴她愿意让我在这里再次与大家分享她的见解。

辛西娅·布利克教授和心理学家迪安妮·杰德帮助我认识到，快感缺乏也是一个女权主义问题。我也开始思考年长的女性该如何重新规划自己的生活，摆脱那些侵蚀她们生活乐趣的社会压力。

还有许多心理治疗师分享了他们治疗快感缺乏症的经验。其中洛哈尼·努尔为我提供了全程指导和鼓励；拉米·纳德博士是第一位深入探讨快感缺乏症的治疗师，为我提供了很多帮助。

就如何告别童年去体验更多的快乐这一问题，我对神经系统专家艾琳·里昂进行了一次访谈，这对我来说不亚于一次心灵的洗涤；心理治疗师洛莉·戈特利布也为我写作本书带来了灵感。此外，还要感谢认知行为治疗师纳维特·谢克特提供的宝贵帮助；感谢加布里埃尔·利希特曼率先让大众了解了激素与情绪之间的联系，并热心地为本书贡献了她的专业知识；感谢慈善机构Abscent的克里希·凯利帮助我了解了嗅觉训练。

著名心理治疗师菲利普·霍德森一直是我最坚定的支持者，

在我多年的心理学写作生涯中，他始终是我的指路明灯，也是我第一个打电话与之讨论本书写作的人。

神奇的视频会议软件 Zoom 还让我通过虚拟方式见到了快感缺乏症咨询师兼研究员杰姬·凯尔姆，这令我激动万分。在大多数人还没听说过"情绪低落"和"快感缺乏"以前，她就已经在帮助人们应对这方面的问题了。

我也很高兴能收录一些对我有启发的人的见解。其中"育儿心理健康"慈善机构的苏珊娜·奥尔德森是我认识的最睿智的女性之一。此外，我还收录了一位勇敢的动物权利保护者朱丽叶·盖拉特利的建议。

我还要感谢我那不可思议的朋友莉亚·哈迪（Leah Hardy），她在与乳腺癌做斗争的过程中向我们展示了感恩所能给她带来的真正改变。

我还要感谢我的记者同事——女性更年期研究员爱丽丝·斯梅利，以及 You 杂志的编辑米兰达·汤普森（Miranda Thompson）和安娜·普斯格洛夫（Anna Pursglove），是她们委托我撰写了第一篇关于快感缺乏症的文章，从而推动了本书的诞生。

还有马尔斯·韦伯（Mars Webb），他是最棒的健康公关，带我认识了杰出的神经科学家哈娜·布里亚诺娃教授，她从一开始就为我展示了全局视野；我还和肯辛顿医院的内分泌学家凯文·肖特利夫（Kevin Shotliff）教授讨论了甲状腺问题；饮食失调治疗机构 Orri 的心理学家凯丽·琼斯（Kerrie Jones）则为我解释了饮食失调对大脑奖励系统的影响。

在写作本书的过程中，我常常想起我的父亲——已故的金·穆克吉（Kim Mukherjee）博士，早在20世纪70年代，他就教给了我人类学和心理学之间的联系。他走在了时代的前列。在我还是个孩子的时候，他就教会我横向思考，把零散的信息联系起来。真希望他能看到这本书。

和往常一样，我要对我的经纪人卡罗琳·蒙哥马利（Caroline Montgomery）表示衷心的感谢，是她冷静睿智的建议让我不断前行。

最后，感谢我的家人安东尼、莉莉和克里奥。我很喜欢在写这本书时学到的一切，但糟糕且讽刺的是，花费数月的时间写作意味着我和家人们并没有享受到足够多的快乐时光。感谢你们一如既往的爱与包容。我回来了，并且准备把这本书里提到的东西付诸行动，让我们的生活更加快乐。最后的最后，感谢我的狗狗哈尼，它每天都在提醒我真正的快乐是什么样子，我会尽我所能用狗粮来报答你。

后 记

作为一名健康和心理学方面的写作者，我一直致力于将诸多现存观点和发现串联起来，为读者提供全局视野。大脑的工作原理十分复杂（而且待探索区域还有很多），我需要加以简化，有时还会使用比喻来帮助读者理解。在涉及专业性较强的领域时，我会向一些被我引用了相关研究的科学家征求意见和指导，以确保我能准确诠释他们的研究成果。当然，不是每一个案例都能做到这一点，但我仍要感谢所有帮助我理解心理健康、快乐和快感缺乏症的人。

然而，在撰写如此篇幅的图书过程中，即使经过仔细检查，也难免会出现错误。如有任何新的研究成果取代了我所引用的内容，请通过 www.tanithcarey.com 网站联系我，以便本书在今后的版本更新内容。感谢你的反馈。